自然生活家的家事減法術

80%的家事都不用做

INTRODUCTION

家事可以偷工減料嗎？

「好老婆」「好媽媽」的咒怨！

是誰讓你有「一定要好好持家」的觀念和束縛呢？

我曾在為男性舉辦的家事座談會上聽到這樣的發言：「就算看到同事穿著皺皺的襯衫，我也不會有『他老婆連衣服都不幫忙熨嗎？』的想法。」其他參與者也以「那種情況頂多只會覺得是不是沒時間回家」這樣的說法來贊成這番論點。

會有「老婆連衣服都不幫忙熨嗎」這樣想法的人，搞不好就是女性本身，而且我認為這個趨勢越來越明顯。

「孩子在幼稚園的室內鞋有點髒，但孩子也不會在意吧！」即使只是心裡的念頭，最終還是讓孩子帶著乾淨的室內鞋去學校，理由是「不想讓孩子感到丟臉」。但實際上，即便老師不會對孩子說：「你的鞋子好髒呀！媽媽怎麼都不幫你洗一洗？」這樣的話，身為媽媽，**心裡真正在意的，其實是不想讓其他媽媽和老師覺得自己很「散漫」。也就是**

說，眼睛看不見的「面子魔咒」，才是最大的問題所在。

製作便當也是如此。

每天都花大把時間，用心做孩子的便當，這是因為便當代表了身為一個媽媽的料理本領和品味，彷彿「便當」成了「媽媽鑑賞會」，所以不能偷懶。

多年來，身為家庭主夫的家事記者山田亮先生就曾說過，「大家知道我們家是我在做便當，所以我女兒的便當從來沒被說過什麼。因為我被排除在女性相互牽制之外了。」

這個名為「面子的魔咒」，也許只針對「好媽媽、好太太」。但是每個家庭的狀況都不一樣，也不是所有事情都需要在競技場上較量。稍微那樣想並試著退一步的話，詛咒就會嘶～一聲地被切斷。

「別人是別人，我是我。重要的是和家人開開心心的過日子。」像這樣堅定信心，然後顧好自己的生活，你會發現，長久以來的束縛感自然就會消失。

拿「家事」衡量「愛家程度」，這樣對嗎？

你是否常在雜誌或網路上看到「小孩要飲食均衡才健康！」「老公的健康管理是老婆的責任！」這樣的話呢？而實際上這樣想的人還真是不少。

所謂的健康管理包含了適度的運動、睡眠、壓力等等各種要素。雖然飲食的確會影響健康，但不是所有的健康問題都只跟飲食有關。而且如果女性因為全心全意管理全家人的健康而先病倒，後果也難以想像。

「認真做家事才算愛」的這種想法，逼得媽媽們非得悉心照料全家人的生活，許多事情都要親手做不可。一旦習慣用家事衡量愛，就會不自覺地認為好好做家事、照顧家人的老婆很棒，給予的愛夠深厚；相反的，就會因為沒有吃到豐盛早餐而責怪媽媽不懂付出、孩子很可憐；或是沒有穿著平整的襯衫上班，就認為老婆連衣服都不幫忙熨嗎？會有這些想法，無非就是習慣用家事衡量「媽媽、太太的愛有多少」。

像下面這些……
眞的是該讚不絕
口的行爲嗎？
不是做家事才有愛！
豐盛的早餐
準備好餐點
我出門了～
像飯店一樣的房間
每天洗好幾次衣服

如果真的是這樣，因為身體不舒服而無法無微不至的付出，就是糟糕的太太嗎？還是，因為工作太忙而無法親手做便當，就算有在晚餐時刻認真聽孩子分享社團活動的媽媽，也要被指責不夠愛家嗎？當然不是這樣。

肩負所有家務的妻子一旦離開人世，丈夫就過著頹廢的生活，孩子們更像無頭蒼蠅一樣……想必大家都聽聞過不少這樣的情況。這就是典型的，家事都集中在一個人身上，一旦這位家務中樞不在了，剩下的家人便因為沒有自理能力而吃盡苦頭。

所以，不應該拿家事來衡量愛家程度，還有，家事是每個人必備的生活技能。如果每個人都了解這件事，就會發現所有家事都讓老婆承擔未必是件好事。

我想，是該從「認真做家事＝愛家」的觀念中解放了。也該停止稱讚先準備好家人的餐點才外出聚會的女性了。無論男性或女性都具備獨立處理家務事的能力，是在急速高齡化的社會中一件非常重要的事。

若能讓生活「更自在」，循規蹈矩才有意義

我在一九九八年翻譯過一本運用小蘇打粉清潔的書，之後自己在二〇〇二年出版的另一本，內容也是關於利用小蘇打粉、肥皂、掃把等比較傳統的清掃妙方，那個時候身旁的朋友都覺得我是個「循規蹈矩」「重視傳承精神的生活」、「願意費力過日子」的人。因此我的這本書《「做太多家事」會讓日本滅亡》（暫譯）在二〇一八年問世後，真的讓周圍的人嚇了一大跳。

其實我會熱愛用小蘇打粉清掃的原因，是因為清潔劑會讓我的手長濕疹，而我如果為了避開清潔劑而選擇戴上橡膠手套，也會因為橡膠過敏而更難受。所以當時就一直想著如果有個「能直接使用、溫和不刺激，又有足夠的去汙力」的東西該有多好，也剛好在那時遇見了能實現我所有願望的小蘇打粉，所以才一試成主顧，如此而已。

除此之外，也滿多人對於「在科技進步的現代，堅持使用掃把的

我」感到不解。

事實上，我覺得使用吸塵器需要花更多力氣。如果是在歐美國家，因為大多數都有鋪上地毯，用吸塵器對付地毯的髒汙皮屑非常方便，但對於家裡多為木板、磁磚或塌塌米的亞洲人，想要吸起一根頭髮都非常困難，這時候還不如直接用掃把解決更簡便。況且掃把不會發出震耳欲聾的聲音，不管什麼時間都可以派上用場，還可以免除清洗集塵袋這種麻煩事。

我認為許多現代的新工具看似很方便，其實是雞肋。也許是因為我領悟力沒那麼高，有太多工具要細細研究、拿捏技巧，使用上也常常遇到阻礙，總覺得不如以前的工具好上手，傳統工具只要掌握好使用方法，除了節能省電，更可以省下一筆開銷。

話雖如此，也不是說傳統的東西最好。如果現在的科技工具能讓我更輕鬆、更方便，我也不會非得要守舊才行。因為說到底我是為了「更輕鬆自在」才沿用傳統的生活方式，若是因此變成「墨守成規」而忽略其他好用的工具，就太本末倒置了。

所以，只要是能感到愉快、心情變得平穩的生活方式，我就會積極採用。但認真說起來，**為了讓生活可以正常運作，雖然我很樂於磨菜刀，但絕對不會去做太耗時耗力的工作，例如曬梅干。**

我想強調的是，因為被外界認為該「按部就班」而被放大檢視的人，未必在生活中的大小事都要規規矩矩地做。這樣看來，既然循規蹈矩的生活不是絕對正確的方式，當然，也就沒有不能隨性生活的道理。我個人認為，只要能讓自己的生活變得更自在、更愉快，採用什麼方式都沒問題。

「標準家事」會成為家事分工的阻力

請想像一下，你在工作中被交代影印一份資料，在完成之後，主管卻劈頭就說「這樣子你也敢交上來？」直接退回資料，這時候你會有什

用掃把打掃更簡單，也不會像吸塵器發出很大的聲音，隨時都可以用。還省得清洗集塵袋，真的很棒！
簡單！
會使用小蘇打粉和肥皂是因為中性清潔劑和橡膠手套都會讓我長濕疹的關係……
肥皂
小蘇打
其實也不是刻意遵守傳統……
而是選擇自己更輕鬆自在的方式……

麼感覺呢？如果後來還被全公司貼上了「那傢伙笨手笨腳」的標籤，一定多少都會影響到你的工作心情和動力吧。

現在我們要討論的「家事工作」也是相同的道理。想想看，你是否會嫌棄家人「這樣做不對」、「順序錯了」、「抓不到訣竅」、「有做跟沒做一樣」呢？套用剛剛描述的職場狀況來反思，就應該可以明白聽到這些反應的家人會有怎樣的情緒。這種「只有自己的作法才正確」的態度，其實比想像中更常發生。

在工作場合若是被說「照著我的作法做就對了，改變一下你的工作方式」，心情不僅不舒服，嚴重的話也可能會變成精神霸凌。而在空間相對狹隘的家中，聽到「你這樣做根本不到位」這樣的話，長期下來，甚至很容易造成精神壓力。

若再仔細想想，看到家人完成家事後的這些反應，是否都是因為自己心裡早存在著一套「家事一定要完成到某種程度」的高標呢？通常女性會把「精確家事」的標準訂得更高，因此當「準確度」較低的家人無

砰！
打掃
煮飯
整理
洗衣
無、無法…
一針見血
將家事分給能做到的家人，不就好了嗎？

法做到這種程度時，媽媽便會說出「家事沒做好」的話。

要是媽媽自己被「家事標準流程」綁住了，願意交給家人去做的事就會變少，最後不僅家人再也難以插手，所有的家務事都會落在媽媽一人身上。

要是已經明白這個前因後果而想要解除「標準家事的詛咒」，你的第一步就是要認知到「自己的標準」和「家人的標準」未必相同；再來，可以試著先交付幾個輕鬆就能完成的家事給家人去執行。

很重要的一點是，在你交付家事的同時，也把責任一起交給他吧。

不論作法還是結果，都要試著接受別人的習慣和標準。一旦認同「家事完成」有各種程度，分工這件事就會變得非常簡單。

改掉當「最後一棒」的習慣

你有過早上出門前拜託老公下班後先煮飯，但回到家卻發現他什麼都沒做的經驗嗎？發現這個狀況後，著急的問了老公「飯呢？」，只得到「啊，我忘記了」的回答，這時候你會怎麼做呢？

會一邊抱怨「一件小事都做不到！」一邊開始準備煮飯？還是會急著到便利商店買微波白飯呢？無論是哪一種，其實我都不太推薦。

我建議在下次發生同樣情況時，雖然不容易但先試試看忍著暴怒的情緒，提議全家吃一頓沒有白飯的晚餐，如何？因為負責煮飯的是老公，不應該總是由你幫忙收拾善後。即便當下老公沒有做到該做的事，你還是完成了做菜的責任，所以今天家裡的晚餐雖然沒有白飯，但還是有豐富的菜餚可以享用。

在日復一日的生活，總是會發生這樣的事。所以請不要生氣地指責對方「因為你才沒有飯吃」，或是「你只會幫倒忙」，然後還一邊忙著解決家人造成的問題。練習看看，**就算家人無法做到約定的事，也保有持續分工家事的決心**。

實際上我們家也曾出現過好幾次沒有主食的晚餐。「飯呢？」

「沒有飯。」

「忘記煮了嗎？」

「哎呀，偶爾就是會有這樣的事嘛！」

我自己遇到這種情況時，會想說「如果是我忘記的話，其他人也不能生我氣」，說服自己後就降火了。有時這樣一來一往之間，被託付任務的人反而皮會繃緊一點呢。

最重要的是，不要有「最後都是我要收拾」這種把自己當最後一棒的想法。要是不停幫家人擦屁股，家人也會養成「反正最後也有人會做」的習慣。如此一來，就更無法脫離「最後一棒」的命運了。

在生活中，我想應該也很常發生「原本老公今天要去幼稚園接小孩，但臨時要開會去不了」的狀況，搞得媽媽只好取消所有行程去接小孩放學。

其實，應該一開始就跟老公說「你自己打電話去幼稚園，告訴老師因為你要加班所以會晚點到。」像這樣，表達出老公應該處理他自己造

某天的餐桌上……
飯呢？
沒有飯。
忘記煮了嗎？
咦～
雖然不是我負責的，
哎呀，也是會有這樣的事嘛！
空空如也
……

成的問題，不應該由你幫忙擦屁股的立場，試著這樣劃清界線看看。

「交給你的事情，請負責任到最後。」

「雖然不會抱怨沒有說到做到，但也不想要幫你擦屁股。」

「你覺得困擾的話，就大家一起困擾吧。」

當然必要時刻還是得互相幫忙。但把「不當最後一棒」當作家事分工的基本方針，重複幾次後，家人的認知也會有所不同。所以很重要的一點是，請務必堅持「就算沒做到雖然我不會生氣，但也不負責善後」的立場。

媽媽開口請求協助很丟臉嗎？

NPO法人Fathering Japan的堀越學理事曾經分享過一個觀念：「如果把爸媽當成是一組教育小孩的團隊，那最重要的就是『尋求協助』」，換句話說，就是要有「請求別人幫忙並不丟臉」的認知。

一旦媽媽陷入了「標準家事」的束縛，肯定會覺得要是說出「我辦不到」、「幫幫我」，會顯得自己是「沒用的媽媽」、「沒用的老婆」。如此一來，便無法放下束縛接受幫助。只要心裡不斷冒出各種擔憂，想著「婆婆要是知道老公幫忙到這種程度，肯定會不開心」或是「其他媽媽們會不會覺得很誇張」……等等，你就肯定不能好好發出「HELP！」的聲音。

我有個不善於整理的朋友跟我說，她總是被愛乾淨的大兒子抱怨「拜託好好打掃！」而感到很頭痛。當時我直接跟朋友說「請兒子教你怎麼整理，如何？」聽到這樣的回答後朋友本來有點驚訝，但仔細想一想也認同可以試看看。

之後朋友真的鼓起勇氣和兒子開口：「媽媽不知道怎麼整理，可以告訴我訣竅嗎？」沒想到大兒子一邊念著「有關聯的東西要集中放」、

「東西要放到固定的位置」等具體的收納方式，一邊幫忙整理了起來。過沒幾天，朋友神情愉悅的跟我說「家裡變得很乾淨喔！兒子也一起爽快的整理！」

雖然不是每個例子都會這麼順利，但願意尋求幫助、發出「我辦不到」、「幫幫我」的聲音後，家人才有機會能注意到你的難處，不是嗎？而且，嘗試表達出需要協助的部分，你會逐漸明白一直以來感到困擾的原因，以及接下來該怎麼做比較好。

常常有人會認為「就算我不說，大家也應該注意到我的痛苦」，但看看生活中，每個人都專注在處理自己的事情，其實很難真正注意到別人的不安。所以，**停止責備家人都沒注意到你，先試著由你自己發出「HELP」的訊號吧**。

藉由說出處理家務所遇到的困難，讓全家人一起致力解決問題，是再好不過的方式了。即便想不出解決辦法也沒關係，只要說明清楚你的為難與痛苦之處，也比較能得到體諒和理解，要是藉此建立了家人間的

我家的兒子連這種事都做嗎！？
堆積如山…
he, help…
但是……婆婆一定會生氣吧……
其他媽媽們會怎麼看我……
滿心憂慮
失望透頂
連那種事都讓他們做嗎？
做不到……

溝通習慣，說不定哪天就會有人想到新的點子，反而意外的能讓事情突破現狀呢！

請試著享受這樣的交流，遇到困擾的時候不要猶豫，對家人傳遞出「HELP」的求救訊號吧！

來做「脫離束縛」的練習

若要說誰會深陷「標準家事」的束縛，那就是一直抱持「我要負責全家人的健康，不能讓他們丟臉」的這種想法而生活著的人妻、媽媽。

這種傳統觀念的束縛比想像中還要牢固，要馬上從這種想法中解放不是件容易的事。但是，只要試著稍微跳脫這樣的想法，你會感覺身心猶如僵硬的肩膀做過按摩一樣變得輕盈，說不定還會有「再來做點伸展操」的念頭！

在我的經驗中，如果能在日常生活中**一點一滴的解放自己，就比較**

不會出現總是想抱怨家人的情況。以及比較能聽得進去別人的意見，生活中心情也會跟著變好。

基於有這層意義，希望大家能夠把這本書當作「脫離束縛」的練習。**試著放下一直以來覺得「一定要好好做家事」的想法。**也許你會認為「這樣做很沒面子」，但其實「只是要你改變一下想法而已，就試試看吧」，抱著這樣的心情，慢慢從在一、兩件事去做改變。

話雖如此，其實我在寫這本書時隱藏的野心是，希望幫助大家在減輕家事負擔的同時，還能推動夫妻間或家人間的對話、平常互動時產生更多的連結，讓家人有更多意願開始動手做家事。

畢竟，媽媽真的沒辦法一輩子為家人負責，不是嗎？

所以，想要讓全家人具備必要的家事能力，第一步就是要增加「他們自己能力所及」的家事，希望這本書能成為你在執行這個計畫時最大的助力！

CONTENTS

80%的家事都不用做

CHAPTER 1

討厭的家事，不做也沒關係

CHAPTER 2

只要浸泡就可以除菌×消臭×漂白的「放置型家事」

CHAPTER 3

除了家事媽媽，還有「家事爸爸、家事小孩」

CHAPTER 4

用「家事能否變輕鬆」來選擇家電產品

CHAPTER 1

討厭的家事，不做也沒關係

無論是洗衣服、煮飯、打掃、整理收納，
都可以帶著「不想做的話也沒關係」的理念。
就從這一章學會家事減量的方法吧！

TOPIC 01

不喜歡洗衣摺衣

減少洗衣服的次數

試著把所有衣服一起洗

若是詢問大家洗衣服的步驟，大部分的人都會這樣回答：「先挑出白色衣服、再分出內衣和髒襪子，最後，羊毛材質需要花時間手洗。」不少人最後會哀怨地補一句「雖然把所有衣服一起丟下去洗很輕鬆，但實際上還是逃不過分開洗的宿命！」

當然，如果**仔細去挑出要分開洗的衣物，只會不斷增加洗衣服的次數**。那麼，要不要試著全部一起洗呢？

舉例來說，先試著減少分類衣服的步驟。假如有色衣物的洗滌說明沒有註記「注意褪色」的話，只要單獨過水幾次確認不會褪色，就可以和白色衣物一起洗；若是擔心襪子的異味沾染到其他衣物，就先用過碳酸鈉浸泡一個晚上（可參考第130頁）徹底除臭殺菌就沒問題；而一定會褪色的牛仔褲，就讓主人單獨負責清理，如何？

說到底，想要輕鬆愉快的洗衣服，要從「買對東西」開始。

像是真的想要購買羊毛毛衣這類需要額外手洗的衣料的時候，就只挑有標示「可機洗」的品項；還有不管多好看的設計，基本上都不要購入會褪色的印度棉T恤等等。

認真說起來，只要在買衣服的時候多花點心思，原本需要分開洗的條件就會消失，也就能輕鬆簡化洗衣服的流程。

順帶補充一點，你會怎麼清洗不想丟進洗衣機的清潔抹布呢？我自己覺得最有效率的方式是在廚房準備一個盆子或水桶，將這些布類集中放置，累積一定的量後，一次在桶子裡直接刷洗。

重新檢視浴巾的材質

如果想要減少洗衣服的力氣有另一個不為人知的小訣竅，就是重新審視像浴巾這種體積偏大、線頭多還難以晾乾的生活用品。

你有想過浴巾可以選擇簡單的亞麻或紗布材質，取代一般厚重的綿毛質料嗎？通常聽到我的建議後，大部分的人會出現「不用毛巾擦身體!?」的驚訝表情。事實上，我也是從朋友那裡收到一條從歐洲帶回來的亞麻浴巾當作紀念品，使用過後才發現「輕便的浴巾」好處多多。

亞麻浴巾的優點是容易乾、輕薄不占空間，如果想要帶去健身房也非常方便。再加上麻料的植物特性比棉料更為堅韌，所以生產過程不太需要使用農藥，這一點也讓人感到比較安心。如果在網路上搜尋linen bath towel或flax linen bath towel，會找到許多比想像中時尚又輕便的浴巾。

看懂洗滌標籤，選對衣服

洗滌圖示說明

 可在機器中以 30℃以下水溫水洗	 可在 40℃以下水溫手洗	 可用含氯或含氧漂白劑漂白
 可在機器中以 30℃以下水溫、中速水洗	 禁止水洗	 只可使用含氧漂白劑或無氯漂白劑
 可在機器中以 30℃以下水溫、弱速水洗		 禁止漂白

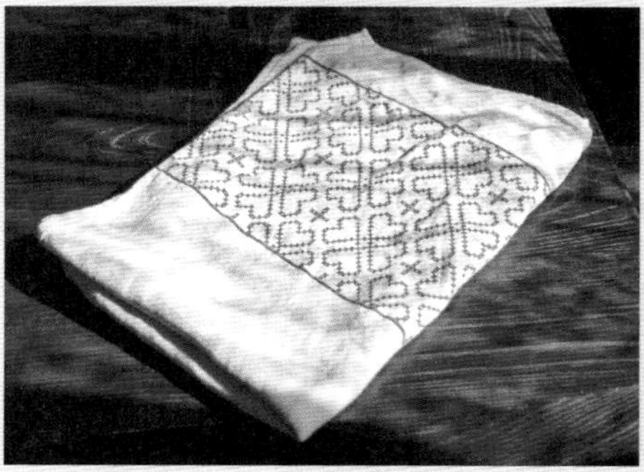

代替毛巾的亞麻巾

這是我家正在使用的亞麻浴巾。不占空間所以很好收納，當然也能用洗衣機洗。

一開始我自己也是抱著試看看的心態，加上我有很嚴重的皮膚乾裂問題，當時為了讓皮膚順利吸收水分和油分，要在洗完澡保持微濕的狀態下在全身抹上山茶油。因此，就算將毛料浴巾汰換成亞麻浴巾也不會有擦不太乾的問題。看似是意外，但確實降低了洗衣服和晾衣服的負擔，讓人覺得重新思考浴巾的意義有意想不到的好處。

❗浴巾需要常常洗嗎？

有的人會認為應該要天天清洗每天使用的浴巾。

但其實未必如此。我有個朋友習慣在使用完浴巾後就完全晾乾，並改成一個禮拜只洗一次的方式。因為他主張浴巾只用來擦拭掉乾淨身體的多餘水滴，並沒有想像中那麼髒，所以沒有必要每次使用完後都洗一次，這樣反而會讓浴巾一直在潮濕的狀態，可能會滋生更多黴菌。聽完後我也很認同這樣的想法。還想到許多國外朋友來拜訪時，也會禮貌性的問說「想把浴巾曬乾明天繼續使用，晾在這裡可以嗎？」

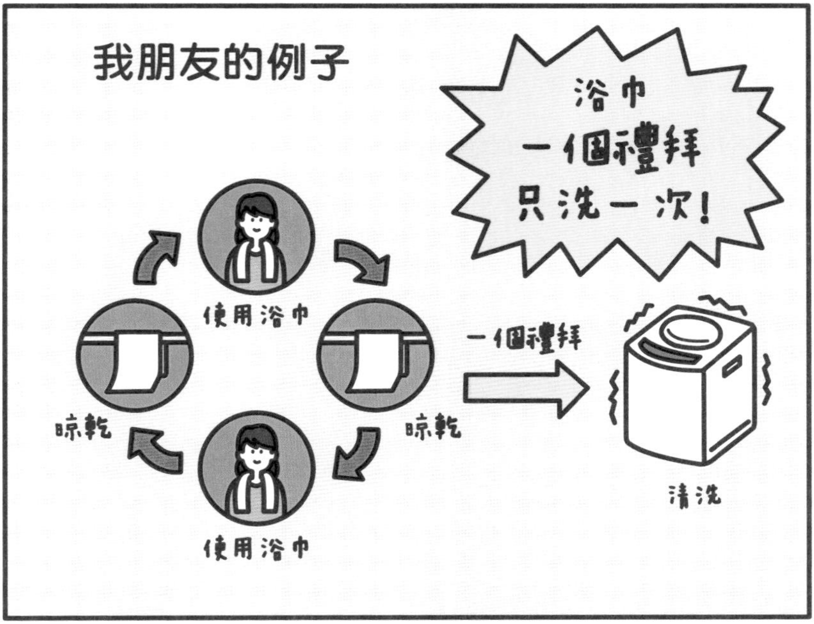
我朋友的例子
浴巾
一個禮拜
只洗一次！
使用浴巾
晾乾
晾乾
使用浴巾
一個禮拜
清洗

從國外來的客人……
曬乾後明天可以用，晾在這裡可以嗎？
有這種人……

雖然現在大家都傾向任何衣服只要穿過就要馬上洗，但是依據使用方式不同，也可以調整清洗的次數。像是浴巾，還有冬天穿在衛生衣外的衣服，這些都屬於使用個幾次再洗也沒問題的典型例子。

所以，稍微轉換一下每天都要洗髒衣服的想法，只要覺得還能再多用幾次也無所謂，就放心的使用吧！

❗換掉浴室門口的腳踏墊

說到「一堆棉線、容易髒、絕對不會和衣服一起洗」時，你會想到什麼呢？答案就是浴室門口的腳踏墊！腳踏墊可以說是要獨立清洗的代表性物品。腳踏墊厚重的材質還有經常處在潮溼狀態的特性，我相信很多人會為了避免發霉而更勤奮清洗它，對吧？

其實，我發現在應該會有最多這種困擾的澡堂，並不會出現家用腳踏墊，取而代之的是亞麻地墊。從減輕清洗作業的角度上來看，更換成這種洗起來不太費力、能輕易晾乾的踏墊，是非常聰明的選擇。除此之

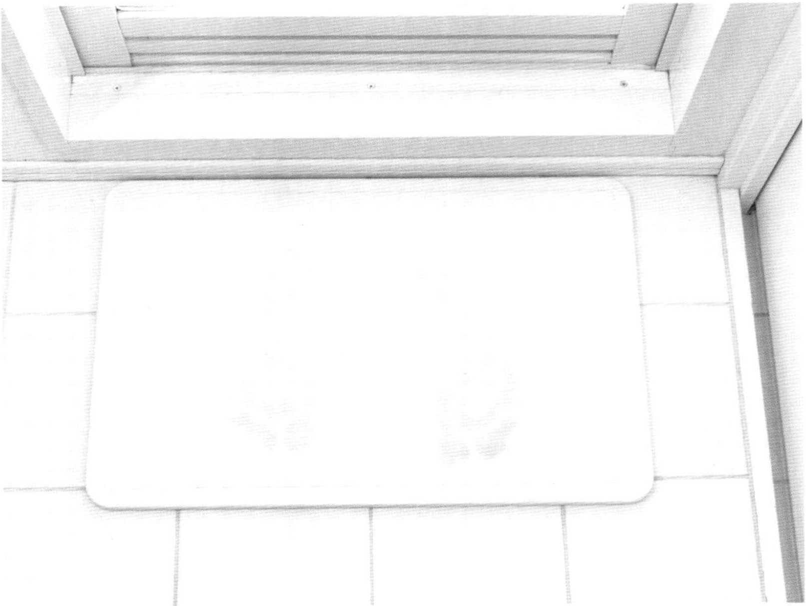

珪藻土腳踏墊

吸水性強、速乾，可以輕鬆使用、簡單保持乾燥是一大優點。
髒掉的話就用砂紙磨一磨表面即可。

圖片來源 siro46/Shutterstock.com

外，最近也很流行像珪藻土這類速乾的腳踏墊，因為是石板材質，基本上完全不需要清洗。

既然如此，要不要現在就立刻換掉難洗卻一定要洗的厚重踏墊呢？像這樣**重新去審視「必然要洗的家用品」，來達到「減少清洗的作業」也是非常好用的祕訣。**

TOPIC 02

不喜歡洗衣摺衣

利用不同以往的自助洗衣店

馬力更強、容量更大，乾淨又方便！

身邊有不少排斥自助洗衣店的人會這樣說：「洗衣機感覺很不乾淨，且不喜歡跟很多陌生人用同一台」、「洗衣店出入容易，感覺不太安全」，但其實不論是洗衣機功能還是洗衣店整潔度，早已大幅提升。

現在洗衣店的洗衣機都具有自動洗淨功能，另外也會設置專用洗鞋機、寵物專用洗衣機來避免原本混洗的困擾，許多問題都持續在改善。

而且，說起來洗衣機的作用就是將衣服清洗乾淨的機器，運作時還會加入洗衣精，應該不需要過於糾結洗衣機是否乾淨，而讓自己神經兮兮。

尤其是烘乾機的作用是「消滅塵蟎和細菌的機器」，就連 FREDDY LECK sein WASCHSALON TOKYO（自助洗衣咖啡店）日本負責人

松延友記先生也保證「非常乾淨！」

這裡還可以舉出自助洗衣店的多種優點，除了能在短時間內清洗比家用洗衣機更大量的衣物，也因為馬力大所以去汙力更強。另外，烘乾機的強力熱風幾乎能一次烘乾所有衣服，同時還具有讓衣服回到蓬鬆的效果。

因為這些方便的優點，我自己在想要一次解決床單、床包這類大型寢具時，或想處理旅行累積的髒衣服時，就會裝入袋子直奔自助洗衣店一次處理！

另外，當外宿的孩子帶一包髒衣服回家時，也可以讓自助洗衣店成為他們邁出「自己的衣服自己洗」第一步的好幫手，真的很不錯喔！

TOPIC 03

簡化摺衣服的動作

不喜歡洗衣摺衣

❶ 當季衣物都用衣架收納

想要減少「摺衣服」的時間嗎？考慮看看衣服收進來後直接掛著收納吧！如此一來，需要摺的衣服頂多只有內衣、襪子、毛巾或床單而已。

由於家人的體型不同，衣服尺寸也不一樣，最好準備2～3種不同尺寸的衣架。並依據衣服的肩寬掛在適合的衣架上，才不會導致衣服變形。另外，建議**不用一般的鐵線衣架，因為掛出來的衣服會有突兀的曲線，改用稍微有點厚度的衣架會比較好**。

現在我們家就是採用掛吊的方式來收納衣服。會做出這種改變，是因為以前有好長一段時間，當衣服疊在一起時，孩子難以分辨袖子到底

衣架收納

當季衣服曬乾收進來後直接掛在掛衣架上。習慣這樣收納衣服後，就會覺得摺衣服真是一件吃力不討好的事。

是長是短，或看不出究竟是哪一件褲子，匆忙中只好將衣服都抽出來，結果造成「這件不是我要的短袖」、「怎麼是短褲？我想要穿長褲」等情況。原本整齊的衣服散亂成一片，在孩子們出門後，也只剩我能收拾這些衣服。

但改用衣架收納後，這些麻煩就完全消失了。甚至在換季的時候也不會慌慌張張。舉例來說，即便早上才提醒「天氣變暖和了，穿短袖就好。」小孩也不會出現吃驚的臉，而是從衣架上就能清楚找出適合的衣服。原本只是想減少摺衣服這件家事的時間，卻意外省下找衣服的麻煩，算是驚喜的收穫。

TOPIC 03

從洗衣到摺衣的代理服務

不同於自助洗衣，代理洗衣會有專人一次提供水洗、烘乾還有摺疊的服務，且這項服務最近正在大城市熱絡起來。以美國的生活習慣來說，這種WASH・AND・FOLD（洗與摺）的服務附設在自助洗衣店裡。我想大家若看過電視節目裡上班族「早上拿著洗衣袋出門，順路到代理洗衣店，下班後直接取回」的樣子，應該都不會太陌生。

實際上，在日本提供相同服務的**FREDDY LECK sein WASCHSALON TOKYO**（自助洗衣咖啡店）負責人松延友記先生也表示，外國客人特別喜歡這種專人服務的模式。

我覺得很可惜的是，在日本文化裡存有「只要自己能做就自己做」的傳統觀念，所以無法好好運用生活中既有的便利服務；而不同於此，大多數的外國人則是習慣「能交給別人就不麻煩自己」，他們認為時間要拿來好好享受才對！尤其在特別忙碌的日子，以及身體不舒服、需要幫忙的時候，比起把自己逼到心力交瘁，更應該積極利用這種方便的服務。

現在大多數的傳統洗衣店也都有提供代理洗衣的服務，只要直接拿著髒衣服到店家就可以了。另外，最近也開始有**免出門的到府收件服務**，且使用人數正在提升中，其中特別受到忙碌的雙薪家庭歡迎。

如果想要了解到府收件的代理洗衣，只要上網搜尋「到府 洗衣」就會出現提供相關服務的業者，分為到府領取或宅配兩種。有以件數或材質計價，或是以袋收費的不同選擇；單件的基本收費依清洗難度約落在台幣40～120元，而以袋收費則是一袋不計件數約480元台幣，通常店家會提供專用洗衣袋，服務含基本水洗、高溫烘乾與摺疊。當然，可以額外加購特殊材質的清洗服務。

TOPIC 04

不喜歡洗衣摺衣

快速整燙衣服的辦法

❗ 輕巧、好用的手持式蒸氣掛燙機

說到「手持式蒸氣掛燙機」，讓我想起以前還在服裝秀擔任口譯的經驗。那個時候合作的國外設計師幾乎都會跟我說：「若佐光小姐有空的話，一定要帶我去。」這個他們心裡必去的地方就是家電商場。當時我很好奇，他們想要買的東西究竟是什麼？無一例外都是「手持式蒸氣掛燙機」。

為什麼這項商品會這麼受到歡迎呢？因為使用一般的熨斗時，需要再額外準備燙衣板，且燙衣服時也要細心壓整；相反的，手持蒸氣掛燙機則免去這些準備，只要把衣服掛著，以手持蒸氣掛燙機噴出的蒸氣就

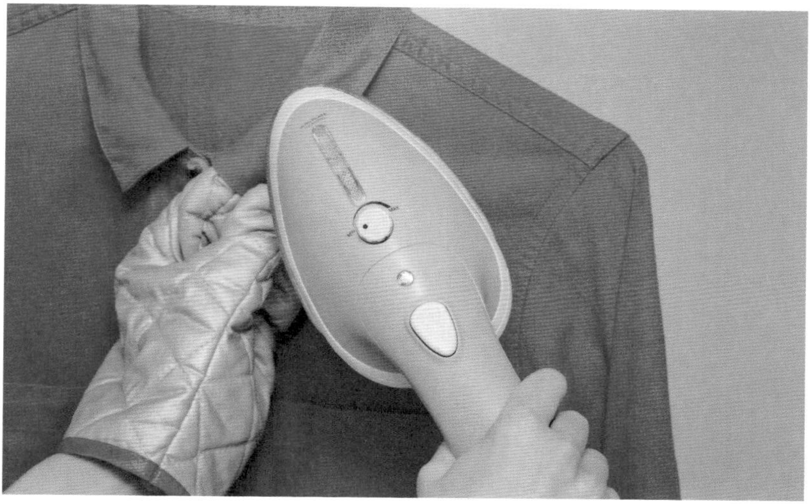

手持蒸氣掛燙機和防燙手套

雖然只有手持蒸氣掛燙機也很方便，但如果另外搭配防燙手套一起使用，就完全不需要燙衣板。

圖片來源 somemeans/Shutterstock.com

能直接除皺。尤其日本製熨燙機重量輕盈、蒸氣多，所以特別受到設計圈喜愛。只要在服裝秀場仔細觀察，幾乎每個設計師的助理都拿著手持蒸氣掛燙機工作。

手持蒸氣掛燙機除了可以準確地熨平需要整理的區塊，更重要的是，**因為掛在衣架上作業，所以不會像一般的熨斗出現集中處理一個地方的時候，又不小心弄皺別處的狀況**，這真的省下很多心力。當然，**也不必搬出體積不小的燙衣板，這絕對是忙碌生活中令人感到開心的優點之一**。

有的人會有不知道如何「加強壓平領口和袖口」的疑惑，畢竟掛著燙衣服的姿勢很難做好整壓的動作。其實就用防燙手套和掛燙機將領口或袖口前後固定後，將掛燙機貼緊衣服後再進行熨燙，就沒有問題了。

請人熨燙比較好，還是要買LG Styler？

LG Styler是大受好評的多功能電子衣櫥，以處理「需要送洗的衣物」為主，且能達到除皺效果。衣櫥內不僅能做到蒸氣塑型、除皺、去味殺菌，還能烘乾。是一款讓人不再需要把衣服送乾洗，只要放進去就會得到相同效果的神奇衣櫥。

雖然我們家因為跟襯衫和制服無緣，這樣的好東西也難派上用場。**但對於經常需要燙整衣服的上班族而言，或是有許多襯衫、制服和裙子要整燙的家中，若擁有一台電子衣櫥，一定會有「省下麻煩」的感覺！**

話說回來，這台行情價格約台幣五到六萬元的LG Styler，會比直接請人做家事還划算嗎？確實是值得思考的問題。

若參考家事外包的業者網站，每次四小時的居家清潔，收費約落在台幣一千五到兩千元，服務包含幫忙整理環境、洗衣服、熨燙衣服等所有家務雜事。大家可以依這個定價評估自己的使用需求，就能得到最適合你的答案。

LG Styler

只要把衣服掛在電子衣櫥就能完成蒸氣乾洗。輕鬆達到完全去皺、殺菌除味和去除花粉塵蟎的優良產品。

TOPIC

05

做料理真麻煩

從每天想菜單的地獄逃脫

讓家人決定要吃什麼

你們家也會有這種毫無意義的對話嗎？媽媽問一句「晚餐想吃什麼？」家人隨口就回答「隨便」。

「想菜單」是一件看似沒有壓力，卻是最麻煩又難讓人滿意的家事。因為如果真的每天按你自己的心意做晚餐的話，肯定會聽到「怎麼又是這個」、「昨天也吃一樣的」……等等接二連三的抱怨。縱使把標準降低到「至少不要聽到抱怨」就好的程度，但其實對心理還是造成很大的負擔。

所以，我決定不如就把想菜單的責任「交給家人」吧。雖然他們常常無法直接說出自己想吃的料理。不過，我發現**只要我先具體說出家裡**

現有的食材，其實他們就可以想像出想要吃的料理。

舉例來說，確認完冰箱中的食材後，我會告訴他們「家裡有豆芽菜跟韭菜，想吃哪一樣？」或是「家裡有鱈魚、鮭魚、高麗菜跟白菜，想要吃什麼？」之後家人就會給出比較明確的答案。

我記得有一次我其實已經想好要做「泡菜炒豬肉」了，但為了避免被抱怨，我還是跟家人說「有泡菜跟豬肉，你們要吃什麼？」，結果被秒回「不要用炒的！」覺得慶幸之餘我就接著問「那不然要做什麼？」兒子便提出「如果也有豆腐跟豆芽菜的話，想吃泡菜鍋。」即便當時家裡並沒有豆芽菜，但也沒關係。因為是兒子提議的菜單，所以他也欣然接下「買豆芽菜回家」的任務。

像這樣子，如果是家人自己想吃的菜單，不但在飯桌上不會有抱怨的聲音，甚至他們會願意自己去購買食材，這真是個一舉兩得的辦法。不過，最近我已經被摸透底牌了，在詢問家人菜單的時候會被反問「可以做出什麼菜？」他們也學會避免還要去一趟超市的麻煩。

選對食譜很重要

雖然我算是料理水準還不錯的家庭主婦，但其實家中也不會有像餐廳一樣的豐富食材可以使用，更別說沒有這麼多料理的時間。所以，我特別喜歡**能在短時間、用兩到三樣食材變出一桌菜的食譜**。

因此認真要說的話，**市面上的多數食譜，都無法深獲我心**。通常不是步驟太多，就是難度太高。而且計量方式若是說一大匙或一小匙就罷了，還常常用公克來標示，這種必須再花時間拿出料理秤的食譜，只會讓人覺得「很麻煩」。

所以，我們家私藏的食譜，是我覺得對主婦或是一個人生活的料理新手而言都非常好用的料理書，那就是由三笠書房出版的《酒餚道場》（台灣未出版），這本書收錄了原本連載在《R25》雜誌上的食譜，因為是以25～34歲的男性為目標讀者，可以說是新手入門的食譜書。多年來我不但持續使用著，也陸續購買了其他系列書。

或許說起來很主觀，但我覺得真的很簡單、材料也很方便取得。可能正是因為步驟不多，因此失敗率非常低，能輕鬆做出滿意的食譜。最重要的是，可以依據材料檢索出對應的菜色。舉例來說，如果家裡剛好有很多蔥，煩惱著要拿來做點什麼的時候，就可以從檢索中找到跟「蔥」相關的料理和醃漬料理，只要五分鐘就能輕鬆想好菜單。除此之外，有空檔時也能快速做好常備菜，算是一本萬用食譜書。基於以上的優點，我認為這本書可以推薦給所有人。

TOPIC 05

以「蔬菜」來決定料理

我聽過不少人跟我反應，一旦跟著食譜做菜後，家裡好像堆積了更多食材，難道我誤會了什麼嗎？麻煩怎麼會越來越多？

舉例來說，有的食譜會為了提升美味程度，在「漢堡排」的材料中加進肉豆蔻，但其實這種香料已經是「特定」料理的食材，難以用在其他地方；或有的時候為了一道料理不小心買了一整袋芋頭，最後只用了兩三個，剩下的芋頭就會變得很棘手。

看著堆積的食材，你一定會產生「必須用完」的壓力；而如果食材沒用完導致「腐爛要丟掉」，罪惡感也不小。最後深陷於進退兩難的窘境。

如果換個角度，不以要做什麼特定料理為出發點，而是**以「蔬菜」可以做什麼為中心來決定要做的料理，就會輕鬆許多**。日常生活中，備妥基本的胡蘿蔔、洋蔥、馬鈴薯、蒿苣、高麗菜、蔥、豆芽菜等等，再依照喜好或時令，添購番茄、茄子、菠菜、韭菜或花椰菜等等，這樣每

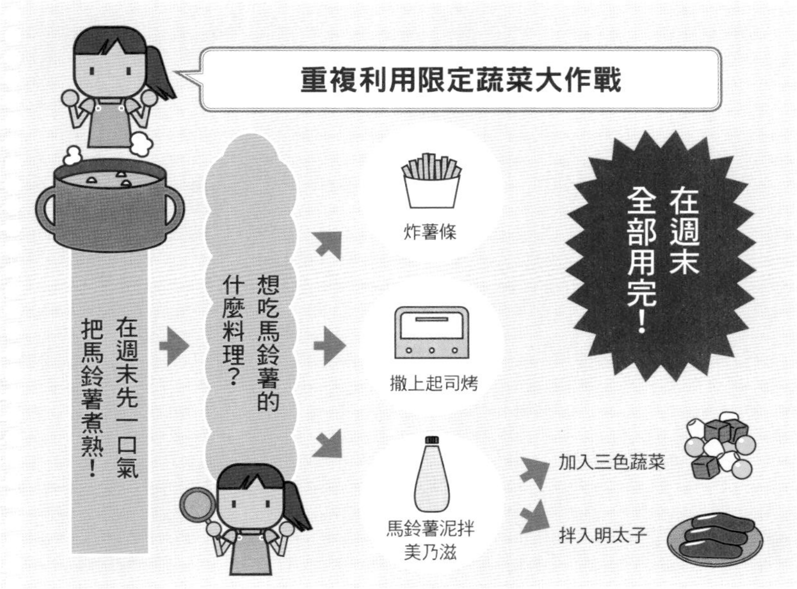
重複利用限定蔬菜大作戰
在週末先一口氣把馬鈴薯煮熟！
想吃馬鈴薯的什麼料理？
炸薯條
撒上起司烤
馬鈴薯泥拌美乃滋
加入三色蔬菜
拌入明太子
在週末全部用完！

天的餐桌都能相當豐盛了。

因此，想要減少家中堆積的食材，首先以重複利用限定蔬菜為目標吧。因為一旦種類變多，就很難記清楚到底還剩下什麼食材，更別說要在壞掉之前全部用完了。

讓我們先從「馬鈴薯可以做什麼？」開始練習。馬鈴薯可以炸薯條，也可切成薄片撒上起司烘烤，還可以加入美奶滋壓成泥……等等，若想要做一道創意料理，還可以在馬鈴薯泥中加入三色蔬菜或拌入明太子，呈現不同的風味。另外，在週末一口氣把馬鈴薯煮熟冷藏備妥，也可以省下每次的烹煮時間。

TOPIC 06

做料理真麻煩

不喜歡做飯的話……

❗試著和家人過一下「不煮飯的日子」

我們都同意每個人都有擅長和不擅長的事，對吧？所以，我相信一定有人屬於「雖然喜歡打掃，但很討厭做飯」的類型。如果你對於不擅長的事情已經感到疲憊、困擾或非常難受了，就誠實地跟家人傳達自己的想法吧！這是為了你自己的心情，還有家裡和諧的氣氛，應該勇敢進行的溝通。

我認識的朋友中，有一對夫妻是老婆在外工作，老公則在家當家庭主夫，平常都是由老公負責做晚餐。有一陣子，因為老婆總是加班到很晚才回家，於是丈夫就提議「請你一個禮拜定一天準時下班的日子，那天我希望全家能好好享受一頓飯，如果可以也當做你的『料理日』，好

不重要的事
・一定要親手料理
重要的事
・不加班、和家人一起坐下來
・全家人開心地享受晚餐
・家人露出笑容
而且還是在平日！
正確答案！
所以不煮飯也沒關係！

嗎？」當然，老婆欣然接受了這個提議。

不過，其實我這位朋友下班回家後也沒煮飯的力氣了，她跟我說，基本上她都是從百貨公司的地下街買比較豪華的便當或小菜。即便如此，老公因為能從煮飯這件事跳脫出來、好好喘口氣而感到心情愉悅。

這個故事的重點是，**生活中的樂趣在於「沒有任何人缺席一起享用晚餐」這件事。不論這頓晚餐是否親手製作，全家人坐下來享用一頓飯更重要。**為了確保這樣的儀式感，儘管不是自己煮的也沒關係，因為能看到家人的笑容就很滿足了，有沒有親手料理並不是那麼重要，對嗎？

冷凍便當宅配業者一覽

公司名稱	配送所需日	網址
FitMe	約三天	https://www.fitme24.com/
小宅食袋	一週送一次	https://pocketcuisine.1shop.tw/28daymeal
魔膳	約五天	http://www.magicdiet.com.tw/index.html

（資料來源：2020 年 9 月各業者的網路資訊，並請依網站公告為準）

和冷凍便當做好朋友

冷凍便當指的是可以事先宅配到家的便當，在家以冷凍儲藏的方式，需要的時候只要加熱就可以食用。有的業者會直接分好一餐的份量裝在便當盒，有的則是將煮好的菜分開裝袋，要吃的時候再分別隔水加熱。

我自己也訂過幾次冷凍的便當餐盒。**在我真的很忙的時候，和自己煮飯的時間相比，冷凍便當只需要花幾分鐘加熱就可以了。不僅能吃到溫熱的食物，比起便利商店還可能更健康又划算。**不過，考慮到食量的問題，「一餐份」的冷凍便當可能對食量比較小的人有負擔；會建議選擇訂購分袋裝的類型，雖然加熱時會比較費工夫，但不會有浪費的問題。

快煮餐宅配業者一覽

服務名稱	概要	網址
Fresh Recipe	多家媒體推薦。份量有多種選擇，單週到雙月皆可，最快三天內到貨。	https://www.freshrecipe.com.tw/
HomeChef 花花煮婦	可以客製化料理，包含一般便當或宴客菜，最快兩到三天內到貨。	https://www.homechef.com.tw/

（資料來源：2020 年 9 月各業者的網路資訊，並請依網站公告為準）

大多數的冷凍便當業者接受一次單盒到五盒的小量訂購，現在也有包月配送，或是定期定量宅配的選擇。

快煮餐讓料理變得簡單

有的時候我真的非常佩服日本人堅持自己手作的精神。特別是飲食方面，因為有著「自己做才健康」的傳統觀念，導致在日常生活中為了避免罪惡感，幾乎不會選擇外食，總是要求自己親自下廚。

在這種束縛之下，有一個新興並受到矚目的服務行業，就是**提供已預先處理好的食材並宅配到府的「快煮餐」，省去洗菜備料的繁瑣細節，可以直接進入烹煮的程序。**

許多業者還會同時主打食材「有機」、「健康」。總之不論如何，快煮餐都能保有「手作料理」的感覺，並大幅降低料理所花費的時間，是具有創意與便利性的服務。

其實，利用快煮餐來作為學料理的第一步也很不錯。快煮餐的便利性，讓不太會做菜的男性也能駕馭，非常推薦。

❗請人代做料理如何？

代做料理（編註：台灣多稱煮餐管家）是近年的超人氣服務行業，是一種請專家代為手作日常飲食的料理方式，收費方式有計次也有月結。

到家裡提供代做料理服務的管家，通常會花三到四個小時，運用冰箱現有食材製作好幾天份的配菜。這個服務最讓人滿意的地方是，可以指定自己想吃的菜色，像是「這週料理請以蔬菜為主」或是「想吃滿滿的肉料理」等等。所以，可以儘管準備自己喜愛的食材。對於特別講究

煮餐管家業者一覽

服務單位	概要	網址
SingFamily	每次提供四小時的全方位服務，包含居家打掃、洗衣服以及煮一頓飯。另可諮詢包月服務。	http://www.singfamily.com.tw/
向日葵家事服務	每次提供四小時的全方位服務，包含居家打掃、洗衣服以及煮一頓飯。	https://www.house717.com.tw/
康庭家事管理	有提供單次的膳食服務，亦可含清掃的套裝服務，最低時數為三小時。	https://www.kt-house.com.tw/

（資料來源：2020 年 9 月各業者的網路資訊，並請依網站公告為準）

飲食的人來說也是非常方便的優點，例如可以多買一些天然食品，或避開過敏食材等等。另外，如果沒時間去採買食材，也可以再加購食材代買的服務。

我認為可以自己選擇菜色，又能一次就準備好幾天份的菜餚，不但能讓生活更輕鬆，而且也相對安心。依我的經驗，目前收費大概是一小時日幣兩、三千元。如果是家裡沒有開伙習慣，而經常到餐廳吃飯，或外帶配菜的家庭，這算是一筆值得投資的開銷。（編註：台灣代理家事業者以套裝服務居多，一次四小時收費兩千元左右，包含清潔打掃＋煮飯）

TOPIC 07

打掃整理好辛苦

樣品屋不是一個家會有的樣子

讓人放輕鬆的生活空間比整潔更重要

我有感受到近幾年，大家樂於追求極簡的居家風格，甚至我周遭的朋友們也紛紛投入到這個行列，抱持家裡要跟樣品屋一樣乾淨整齊、一丁點髒亂都不能有的高標準。

我自己也在電視節目裡看過實踐「斷捨離」的家，居家環境幾近空無一物，不得不說確實很吸引人。但是，要說那種樣子的家是「一般人的家」，可能就不太合常理了。我認為，正因為家是「有人生活」的空間，所以才會有「使用過的痕跡」。

若非得要以樣品屋為目標，每天為了乾淨整潔的狀態而神經緊繃，一直這樣下去的話，未來的某一天在這個家裡生活的所有人，包含你自己肯定也會喘不過氣。

我相信，我們都認為生活中最重要的事，是一家人的生活開開心心，對嗎？因此如果全家人生活愉快，家裡稍微亂一點也無妨。雖然乾淨整齊的環境很重要，但開心生活才是最優先的考量。或許有人擔心凌亂的家無法招待客人，或突然有人來拜訪會帶給人散漫的印象。但仔細想想，真的有這回事嗎？

想想我自己去朋友家拜訪的經驗，其實完全沒有「髒亂」的印象。就算朋友家真的堆放了一些雜物，但回憶中只有當下開心的對話、好吃的料理和有品味的餐具。由此可見拜訪朋友家所留下的印象，跟一般人所擔心的不同，因為那個美好的相聚時刻，根本不會有人去刻意記下房子凌亂的模樣。就算身邊真的有特別在意居家環境的人，那也儘量不要邀請對方來家裡就好。

事實上，平常我們家並沒有一直維持在「乾淨又整潔」的樣品屋狀態，所以當孩子想邀請朋友來家裡玩之前，我也會先提醒他們，只有不會嫌棄家裡狀態的朋友才能來呢！

TOPIC 08

打掃整理好辛苦

讓家人學會「自己的東西自己負責」

❗輕鬆整理共用區的祕訣

其實，我們應該先重新劃分家裡的打掃空間，因為並不是所有地方都是共用的，若仔細想想，根本不需要去幫忙打掃孩子們私人的房間，那屬於他們的責任。所以，不如轉變一下想法，認知到「家庭主婦・主夫」只需要負責「共用空間」就好了。

我認為多數的家庭也早已把共用區推給媽媽管理了。想想看，家中的共用區域、共用物品，像是鍋碗瓢盆、垃圾桶或是遙控器，凡是找不到這些東西時，或出現任何問題時，家人第一個求助的對象不約而同都會是媽媽，對嗎？

所以不如這樣，共用的物品和區域就由你負責，而且要更輕鬆的管

放在客廳的籃子

找不到主人的物品，不要猶豫直接扔進籃子裡吧！之後再定期清理掉無人認領的東西就好。

理。**試看看如果在這個區域看見個人物品，就放進「失物招領」的籃子，之後再定期清理就好。**只要在清空籃子前，再提醒全家人一次「有誰要認領籃子裡的東西嗎？」，如此一來即可免去一個一個詢問「這是你的嗎？」的麻煩。

我跟許多朋友分享過這個妙方，而已經運用在生活中的朋友告訴我「我的工作提早結束了！再也不用追著問。」所以，我也希望大家能夠活用這個處理共用區域雜物的方法。與其成天追著全家人跑，不如建立一個大家都更輕鬆的底線。因為每個人都應該管理好自己的東西，如果做不到保管好的責任而被處理掉的話，之後才會更有警覺。

拒絕凌亂客廳！準備專用收納抽屜

聽說之前有個問卷調查，是針對男性詢問「最想離婚的瞬間」，名列前茅的原因之一是「回家後發現家裡很亂」！

其實，我也可以想像結束一整天的工作，十分疲憊的回到凌亂無比的家會有多煩躁。反之，若回到家看見「窗明几淨」的狀態，心中肯定會非常舒坦。

但是這樣說起來，**為什麼把家裡凌亂的原因都歸咎到媽媽或老婆身上呢？**如果是媽媽亂丟東西那還算合情合理，不過，散落一地的物品通常都不是媽媽的，所以這樣的責怪其實很不公平呢！

說實話，整理共用區真的不容易。最麻煩的地方就是，如果你直接決定東西的去留，一定有人會鬧脾氣；但家人又同時希望交給媽媽整理就好了。如果你也陷入這種「無法直接解決雜亂的物品，但又必須要維持整潔」的兩難，我建議準備每個人專用的收納抽屜或籃子，凡是非共用區的物品便放入他們的籃子裡，請主人自己整理吧。

而且一旦這樣執行，更能清楚揪出究竟是誰在搗亂家裡。

我家最常看見報紙、廣告紙、新聞剪報或是照片散落在客廳，因此我為每個人都準備了一個抽屜，並把這些東西各別放入。如此一來，便減少了很多「等待誰來拿走」的時間，家裡也能迅速回到整齊的狀態。

❗ 斷捨離的練習

不曉得你會不會有這種困擾，我是那種一旦家裡東西增加到某個程度以上，就無法清楚知道到底擁有什麼、收在哪裡，或是完全忘了自己買過的記憶。

因此，我選擇使用箱子收納，這同時也是容易實踐斷捨離的方法。

假如家裡的物品已經多到無法每個都用到的程度，就先把暫時不需要的東西裝箱，並在箱外寫上日期。半年內都沒打開箱子的話，就代表已經不需要這些東西了。可以選擇整箱回收或是拿去義賣。

我自己是在收拾孩子玩具的時候想到要用這個方法。當孩子們還小的時候買了太多的玩具，當時因為對於每天整理大量的玩具感到厭煩，就決定收一半到紙箱裡。可能我們家的孩子神經大條，他們完全沒發現玩具的數量減少了。半年後我把一部分的玩具換成箱子裡的，孩子甚至以為是新的玩具！

所以，對於無法確定能不能丟掉東西的時候，就這樣試試吧。

我想起之前試著把廁所和大門地墊暫時收進箱子，想看看家人的反應如何。結果好一陣子都沒有人發現，才瞭解到這不是生活必備的用品，便果決處理掉了。像是這樣子，就可以慢慢留下家裡真正需要的東西，也不用再花時間打掃多餘的地方。

箱子整理法

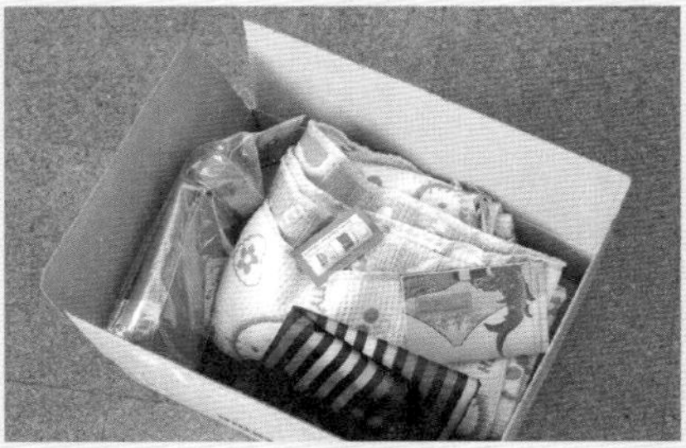

暫時用不到的東西裝一箱

想說「哪天可能會用得到」、或有或無的東西，就放進這裡面。如果半年都沒用到，就趕快放手吧。

尚未決定去留的衣服也裝一箱

如果有一些覺得「好像暫時穿不到」的衣服，也可以整理成一箱。時間到了再決定去留，或許最後可以當成打掃用的小碎布。

收在不好拿的地方也OK

「暫時用不到的東西」這箱我會固定放在架子下層。刻意收在不好拿出來的地方也是不錯的辦法。

TOPIC 09

打掃整理好辛苦

需要這麼多餐具嗎？

留下真正會用到的餐具

看到有質感的杯子、漂亮的餐具時，你會忍不住下手嗎？我相信大多數的人都會有收藏的欲望，而這通常就是家裡堆滿了用不到的杯具碗盤的原因。不過，來我們家的朋友幾乎都會訝異的說：「你們家的餐具只有這些而已嗎？」**因為我會儘量控制那股衝動，讓家裡的餐盤維持在需求的數量**。

我們家有大中小尺寸的個人盤各五到十個，加上飯碗和湯碗；另外有幾個公用菜盤、深碗公、酒杯和茶杯，這些是都會妥善運用的品項，並不會有多餘的餐具，而這樣的數量不管是日常用，還是客人來訪的時候都已經非常足夠了。

客人也嚇一跳

餐具收納在客廳，總是會引起客人的注意。另外，大盤子特別分開收納在廚房。

深度剛剛好

因為不希望層板太深而需要收納成前後兩排，最後選擇35公分寬的層架，放在客廳也不會擋路。

廚房收納也是……

和客廳一樣，廚房也設置了寬度35公分的層架。鍋子或平底鍋等就收納在這裡。

因為多半客人都習慣帶食物來，所以也不需要另外裝盤。就算都由我們準備好了，也是以公用菜盤分裝到個人餐盤的方式，並不像在餐廳吃飯，每上一道菜就更換一組碗盤。所以，運用簡單的用餐方式，即使有客人到訪，只需要一般家裡準備的餐具也足以應對。

當然，一定有人樂於針對不同料理細心選用餐具，並享受在這種儀式感裡。但我覺得這已經屬於「興趣」的範圍了，跟原本討論的「留下真正需要的餐具」應該是兩回事。

廚房東西太多，空間卻很窄

在上個小節，我提到日本朋友看到我家餐具的數量而驚訝，但美國朋友感到訝異的，是日本人的「廚房好窄，東西卻好多！」很有趣吧，不同國家的朋友，在意的點都不同。有時候會聽到朋友幾近失禮的說「能在這麼窄的地方做料理還真厲害」，感覺是真的非常吃驚。

其實不能怪日本人東西太多，因為幾乎每個家庭的媽媽，都有能做出拉麵、蕎麥麵、咖哩飯、義大利麵甚至壽喜燒等多樣料理的手藝，因此廚具用品不可能太少。尤其，日本人還特別講究，針對不同料理和飲品，都會有相對應的專用器具。

以前我去拜訪定居日本的美國朋友時，我很驚訝的看他從煎茶專用的茶壺倒出冰紅茶，但他卻不以為然的回應我說「這不是茶壺嗎？」當然沒錯，煎茶茶壺也是茶壺，但在日本根深蒂固的觀念中，會認為這只能拿來泡日本茶，如果要裝紅茶應該用冷水瓶。我頓時才發現扎根在心裡的傳統觀念。

但說到底，用煎茶茶壺來裝紅茶也沒什麼問題啊！但總是不小心讓自己日本人的執著性格固化了做事的方法，因此家裡還是準備了兩種茶壺，所以東西就不知不覺變多了。

我想起以前孩子還小的時候，如果晚餐準備的是炸豬排，礙於他們不方便使用刀叉，所以我會切好後才裝在盤子裡上桌。而這個習慣一直延續至今，現在餐桌上也都是切好的炸豬排，所以根本也不需要他們動手切。

仔細想想，**個人刀具的使用率極低，但是我們家卻備有六副幾乎用不到的刀叉組。我也因此恍然大悟，原來有太多用不到的東西默默堆放在家裡。**最後這些出場次數低的物品，也被我收進箱子寫上日期，等著半年後決定去留了（可參考第71頁）。

要立刻決定贈品的去留

在我分享收納的講座上，我常常聽到有人對「贈品該怎麼處理」感到困擾。其實贈品有好幾種解決方式，但通常我會先建議，**如果已經確信不需要，就趁全新的時候拿去二手商店賣掉**。

再來，則是朋友提供的妙方。她推薦善用現在方便的社群網路，直接在自己的帳號、或是互助社團中貼文詢問有沒有人需要，像這種公開認領的方式，有更多機會處理掉不需要的物品。另外，還有一種機會不

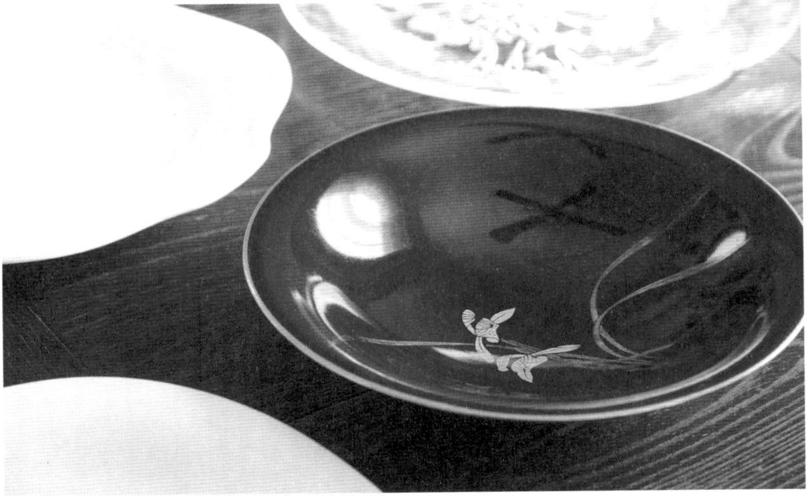

贈送的盤子

我們家使用的大盤子幾乎都是「贈品」。其實本來決定要賣掉，但試用後意外地發現很好用。

多但對大家都有好處的方法，就是詢問來家裡的客人和要開始離家生活的孩子，請他們帶走喜歡的東西。

最後，如果你還不確定自己想不想要贈品的話，就用一次看看吧，因為試用後才會真正知道適不適合。

除此之外，還是勇敢放手那些抱持「孩子以後可能用得到」而保留下來的東西吧。因為即使看似為人著想、立意良善，但由於每個人都有自己的喜好，與其到時候造成彼此的困擾，趁現在果敢的斷捨離會更輕鬆。

TOPIC 10

打掃整理好辛苦

改善玄關散落一地的鞋子問題

❗乾脆地換成開放式鞋架

之前我只要經過我們家門口，就會在心裡冒出「好亂……」的聲音，不管怎麼收拾，玄關就是難以呈現整齊俐落的樣子。說到底，這個區域如此棘手的問題就在於，總是有一堆四散的鞋子，還有無法發揮作用的鞋櫃，對吧？

若回想以前穿木屐的時代，因為生活單純所以只需要一種鞋子，收納的時候也只要把木屐疊在一起就好，既輕鬆又整齊。但經過改變後的多樣化生活，出現了包鞋、皮鞋、拖鞋、高跟鞋還有靴子等各式各樣的鞋款，可是鞋櫃竟然還是老樣子，根本無法收納所有類型的鞋子。所以我想，假如要解決玄關混亂的模樣，第一件事情就是要改造鞋櫃！

我觀察了家人的使用習慣，發現他們散漫的程度簡直超乎想像。他們可以打開鞋櫃拿鞋子，但就是懶得再打開鞋櫃把鞋子收進去。因此我乾脆撤掉鞋櫃，換成設置在牆壁上的層板，當作開放式鞋架。

如此一來，省掉開關鞋櫃門的動作，直接放在架子上就好了。而且可以依鞋子的高度，自由調整層板的高低。像可以降低運動鞋、平底鞋的層板，也可以調高短靴和高筒鞋的那一層。我發現改造後因為收放和拿取都很方便，家人也變得會自動把鞋子放回鞋架了。託改造鞋櫃的福，玄關變得比以往清爽許多。

而且，一旦玄關有足夠的收納空間，就能減少拿進客廳的東西，如此一來家裡面也更簡潔。試想家裡的玄關空間若足夠的話，是不是就可以把外套、高爾夫球具、嬰兒車等等留在那裡了。所以，我也建議在設計房子的時候就討論清楚，別輕易讓玄關成為凌亂的源頭。

試著改造鞋櫃之後……

依照鞋子大小決定深度與高度

層板深度是比照家中最大的30公分鞋子；而高度則符合家中所有鞋類的需求。

地板上的鞋子消失了！

以前堆放在地板上的鞋子都不見了，打掃變得非常容易。

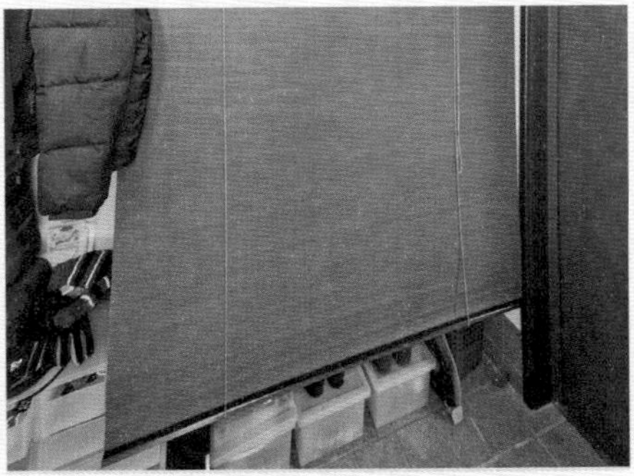

有客人來時……

把捲簾放下來後就變得很清爽，不用擔心客人感到不舒服。

TOPIC 11

打掃整理好辛苦

和回憶物品的相處之道

試著做成相簿看看

家裡有孩子的人應該都很苦惱該怎麼處理美術勞作，以及持續增加的生活照片吧？因為覺得可惜所以不敢直接丟掉，但假如要留下全部的東西，不說收納空間的問題，怕是要先花上大把時間整理。

很久以前，我就開始介紹將美術勞作拍照留念再處理掉的方法，不過話說回來，又延伸出一堆照片該怎麼整理的問題。我想，如果只是把照片整疊放在櫃子裡，即便回憶充滿紀念性也了無意義。所以，**我採取每年做一次家族相簿的方式**，應該持續有十三年了，實際執行後真的覺得很不錯。**也為了讓大家可以隨時拿出來欣賞，所以我把相簿都放在客廳。**

另外，如果是紀念意義重大的照片，我會輸出成A4尺寸，裱框

放在客廳的相簿

每年都製作的家族相簿，還是要有人翻閱才有意義。我推薦可以擺放在客廳。

後掛在牆壁上。

近年來，製作相簿的價格也不高，如果需要的話，也能細分成孩子們自己的專屬相冊，並交給他們自己保管。如此一來，大量的照片有了最好的收藏處，也增加了能隨時回憶的樂趣。

其實，當我們家最小的孩子長大後，每年的相簿製作也就告一段落了。最近則改成以兩年為單位收集家族活動的照片，分開做成個人珍藏跟家庭回憶的相簿。如果我的爸媽也有參加，就會再多做一本老家用的相簿。**一旦將喜愛的照片都做成相冊收藏後，手機裡的檔案也可以毫不留念地清除了。**

在客廳的牆壁上掛上家族照片

客人來訪時還能成為話題的裱框照片。我會經常更換，讓家裡氣氛充滿回憶的樂趣。

此外，因為想要記錄男孩子的變聲期而拍攝的影片，就放在硬碟裡保存吧。因為硬碟較難以隨時欣賞，考量實用性還是建議用照片的方式記錄生活。

我曾看過身兼作家和攝影師的奈良巧分享過一段話，覺得很有感觸。

她說「如果家人裱框掛起我小時候的照片，我會有種親眼見證自己成長過程被珍惜的感覺。」因此我認為把入學紀念照片、旅遊照片裱框起來，裝點家裡的牆面好像也是不錯的選擇。也說不定，客人來訪時還能成為一個有趣的話題，如此一來好像有許多好處，即便要花一點費用也覺得相當值得。

TOPIC 12

打掃整理好辛苦

拆解浴廁的打掃步驟

讓家人各自分擔一部分

如果每天都由一個人做浴廁的打掃，當然會很辛苦。我建議直接拆成幾個步驟，把打掃的工作分出去。像是可以將一個區塊切成今天處理①②，明天再做③④的方式。

再來，就是家庭內的分工。舉例來說，請男生負責維持廁所地板和垃圾桶的清潔，女生則要留意馬桶是否乾淨；也可以將容易堆積長髮的排水孔，交由家中長頭髮的人負責；或交代最後一個洗澡的人要負責把蓮蓬頭泡在過碳酸鈉浸泡液等等。像這樣**藉由細分打掃的步驟，讓所有人都能負責一部分，不用要求每天清掃，但要有負責人隨時留意。**

或許有的人會覺得這件事簡單到根本稱不上什麼改變，但你開始執

藉由拆解流程來增加打掃意願

拆解廁所的打掃

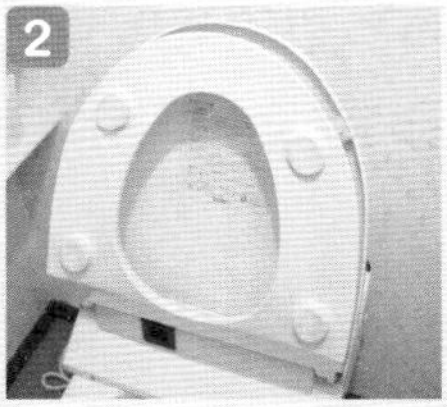

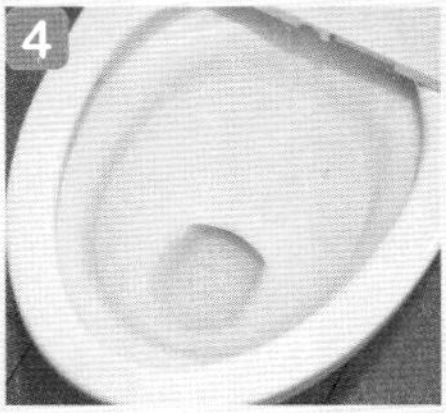

1 地板
2 馬桶座和馬桶蓋
3 馬桶的外側和內側邊緣
4 馬桶裡面

拆解浴室的打掃

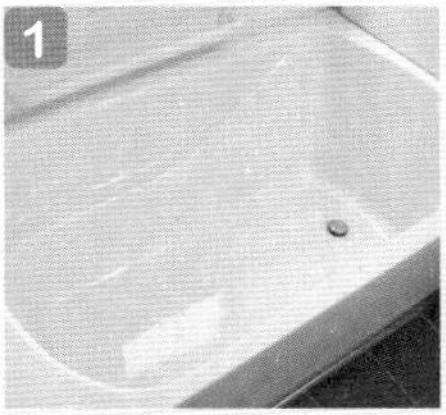

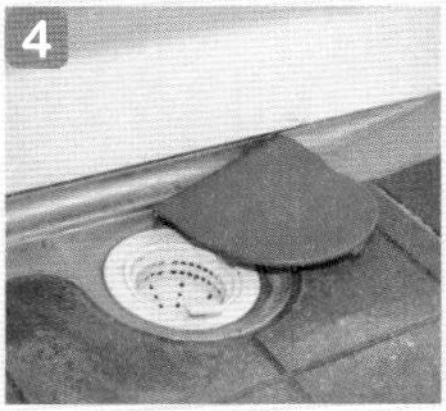

1 浴缸
2 淋浴處的地板
3 牆壁、窗戶和鏡子
4 排水孔
5 蓮蓬頭

行後，就會感受到有人分擔家事的輕鬆感，哪怕只是一小部分，也會比起你自己每天鑽牛角尖要清掃完所有地方，都要來得輕鬆愜意。

將打掃工具放在隨手可得之處

你有發現嗎？如果打掃工具收得比較遠，就會降低使用的頻率。所以，放在容易髒亂的地方附近最理想。舉例來說，像是把小蘇打粉放在水槽旁、檸檬酸放在馬桶附近、吸塵器放在客廳等等，**將相對應的清潔工具放在隨手可得之處，就能做到順手清潔。**

如果剛好那個地方沒有收納空間，就挑選賞心悅目的打掃工具，改成「看得見」的收納也是一種方法。像是我們家會直接把棕櫚掃把和畚箕掛在客廳的牆上，不但有隨時能使用的優點，也因為民族風的外觀，常常受到客人的好評。

❗定期請人大掃除

平常的居家清掃雖然能維持家中的整潔，但一定還是有難以深入清潔的地方。所以為了徹底將房子回復到乾乾淨淨的狀態，才會有一年一次的大掃除。

毫無疑問的大掃除是家中必要的清潔流程。但首先，我們應該思考一件事，那就是這件吃力的工作非得要自己做嗎？即便要做，也未必要等到忙碌的年末才逼著自己完成。所以，要不要試看看以一年或半年為單位，請人來家裡大掃除這個相當減壓的方法呢？

我推薦可以在生日或紀念日的前後，每年定期請人來幫忙整理和大掃除，肯定會讓你有煥然一新的暢快感。尤其**像是浴室、廁所、廚房和抽油煙機這幾個容易有頑強汙垢的地方，只要請專人清理過就會有顯著的成效**。現在只要在網路上搜尋，就會出現許多「到府居家清掃」的服務業者，使用上一點也不困難，要不要從今年就嘗試看看？

CHAPTER 2

只要浸泡就可以除菌×消臭×漂白的「放置型家事」

無論洗衣服或打掃環境，
只要活用過碳酸鈉就會變得輕鬆又簡單！
祕訣就是放置浸泡再等待時間過去就好了。
現在就來教你，即便是頑固污漬也能毫不費力去除的方法。

TOPIC

01

你知道過碳酸鈉嗎？

❗同時去汙、殺菌、除臭的萬用清潔粉

最近受到主婦青睞的天然萬用去汙粉就是——過碳酸鈉。

只要先在熱水中溶解過碳酸鈉粉，就能變成萬用清潔浸泡液。通常會拿來清洗髒衣服，達到去汙、除味、殺菌和漂白的效果，連有色衣物也不怕褪色。甚至拿來清洗洗衣機、流理臺的效果都很好，是近期受到矚目的清潔好物。

若拿過碳酸鈉與市面上的「氯系漂白劑」比較的話，會發現氯系漂白劑除了會使有色衣物褪色外，也比較容易傷害衣料，如果不小心接觸到醋或檸檬酸等酸性液體，還會產生有害氣體。反過來看，被稱為「氧

系漂白劑」的過碳酸鈉，呈白色粉末狀，遇熱水後會迅速分解釋放出氧氣、雙氧水和碳酸鈉，而這個過程會達到殺菌和漂白作用，且成分都是天然物質對環境無害，是一種無毒、無味又環保的萬用去汙粉。

比起相對危險的氯系漂白劑，過碳酸鈉還有更多優點。舉例來說，除了可以洗衣服、洗淨茶垢汙漬，**還能用來清潔廚房抹布、廚房油垢以及浴室黃斑黴菌，分解汙垢的同時還可消除異味，對於大部分衣物都具漂白效果，以及清潔不鏽鋼水瓶和便當盒都很好用**。

事實上，前陣子引起熱議的強效去漬劑OXI CLEAN，還有多數標榜「增豔漂白」「有色衣物可用」的清潔劑，其主要成分都是過碳酸鈉。

不過**必須用正確水溫確實溶解，才能順利分解出氧氣，以達最完整的功效**。日本清潔專家茂木和哉曾建議，將過碳酸鈉放入30～50度的熱水中靜置約兩個小時，用這種方式做出來的清潔浸泡液，才能有效發揮過碳酸鈉的清潔作用。

如果水溫過低而過碳酸鈉無法完全溶解，可能洗完衣服後會發生衣

來複習一下過碳酸鈉吧

過碳酸鈉的優點

浸泡後達到
去汙、漂白
效果
還能殺菌和
除黴！
討人厭的異味
不見了！

去除汙垢

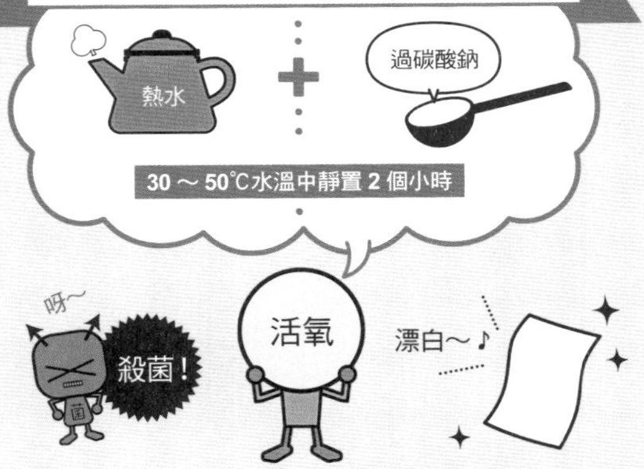

熱水

30 ～ 50℃水溫中靜置 2 個小時
呀～
殺菌！
活氧

和氯系漂白劑的不同

效果強

穩定

POWER
但是

有色衣物也
可以使用

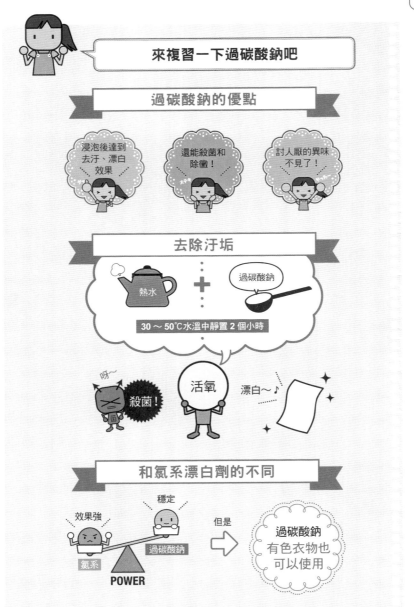

服沾上白點的情況，所以請「確實溶解、確實浸泡」。只要掌握好訣竅，就能將過碳酸鈉發揮得淋漓盡致。

升級版的強效過碳酸鈉

強效過碳酸鈉指的是，在過碳酸鈉中加入「漂白活化劑」，產生穩定性較低的含氧自由基，可以提升過碳酸鈉的功效，並在短時間內就看到成果。

但為什麼會需要升級版的過碳酸鈉呢？

舉例來說，原本在歐美國家的洗碗機和洗衣機都是使用熱水清洗，但近年來，歐洲地區為了友善環境，開始在提倡降低使用水的溫度。雖然為環境帶來好的影響是很棒的優點，但相對地也出現讓人困擾的清潔力不足的問題了。因為隨著使用水的溫度降低後，過碳酸鈉的去汙漂白力也跟著下降。

為了解決這個問題而出現的就是「漂白活化劑」。只要在原本的過碳酸鈉中加入一點點漂白活化劑，就能有更強效的漂白去漬力，而且也不需要熱水來提升功效，並仍然保有有色衣物可用的優點。尤其，殺菌效果也比普通過碳酸鈉還強，拿來對付黴菌和浴室常出現的酵母菌（粉紅黏液），都能在短時間就看見成效。

另外，還能用來對付「發黃塑膠」。

家中應該有許多家電的外殼，隨著時間逐漸變黃。這是因為廠商會在塑膠這種可燃ABS樹脂的材質外，加上阻燃劑來保護，而阻燃劑的成分正是發黃的原因。有一次，一個美國網站〈Retr0Bright Project〉介紹用強效過碳酸鈉除去這些發黃色素的技巧，後來經由日本一位叫nownow的人實驗後覺得效果真的很棒，分享在部落格後就廣為流傳，現在許多人也會運用這個方法，讓發黃塑膠回到原本的乾淨透明樣子。

❗強效過碳酸鈉的自製法與推薦商品

過碳酸鈉是一款很好取得且已經相當好用的清潔粉，但若評估後需要更強效的清潔效果，可以再額外購買漂白活化劑或是以下介紹的強效的過碳酸鈉產品。

目前市面上沒有以「強效過碳酸鈉」為名稱在販賣的商品。日本的清潔劑專家茂木和哉認為可以自己買漂白活化劑來做強效過碳酸鈉，只要在網路上搜尋「White oxyparade」就能找到這款由茂木先生自己推出的業務用清潔劑。（編註：目前這款商品需由日本網站購買。或是可選擇在化工行訂購四乙醯基乙二胺TAED，此款漂白活化劑亦可提升過碳酸鈉的清潔效果且用溫水即可溶解，建議事先確認適用材質。）

若覺得自己動手做很麻煩的話，這裡推薦花王的「Wide haitier EX粉末漂白劑」是含漂白活化劑的強效過碳酸鈉，這款商品還加入了界面活性劑、酵素，並帶有白茶花香，基本上主要用於清洗衣物。另外，還有一款曾刊載在日本肥皂清潔劑公會網站、由LEC品牌所出的

「GN過碳酸鈉除菌升級版」，含有單純的強效過碳酸鈉成分，清潔功效著重過碳酸鈉的「除菌效果」。（編註：目前台灣未販售）

強效過碳酸鈉的運用方法

基本上，強效過碳酸鈉不需要特別使用熱水就能溶解。而且**花王呼籲大家要注意，若水溫過高，會造成衣物「褪色、損壞」，所以用30度的溫水即可**。以我自己的使用經驗，一般冷水就能完全溶解。在製作完強效過碳酸鈉浸泡液後，最重要的步驟是衣服一定要完全浸入其中，才能有效發揮作用，因此浸泡的容器大小也很重要。

另外，**請依購買的商品標示確認使用量以及使用範圍**，因為一旦加入其他的原物料，使用方式與效果都會有所不同。

請留意使用材質

基本上，衣標上標示「不能水洗」的衣物都不能用。另外，要仔細確認洗滌說明，有這些圖示的話也儘量避開。

※2019標示圖

因為過碳酸鈉屬於鹼性洗劑，所以皮革、羊毛或絲綢等動物纖維都不能使用。另外，為了保險起見，避免有些特殊染料褪色，可在衣角按後頁的方法先做測試。

除了衣服等布織品以外，在清潔時需要特別注意要避開金屬類材質。像是含有金箔、鋁、銅、黃銅等等製品都不能使用過碳酸鈉清理。同時，寶石、眼鏡、家具、汽車等等表面有塗漆的物品，還有烤漆過的餐具，也都不建議接觸過碳酸鈉。已裂化的油漆也有可能因碰到強效過碳酸鈉而剝落，所以也請特別小心。

強效過碳酸鈉的褪色測試

作法

1. 以 1 公升溫水加入 1 大匙強效過碳酸鈉的比例溶解。

2. 在欲測試衣物的衣角或其它不顯眼處塗上 1 ，靜置 5 分鐘。

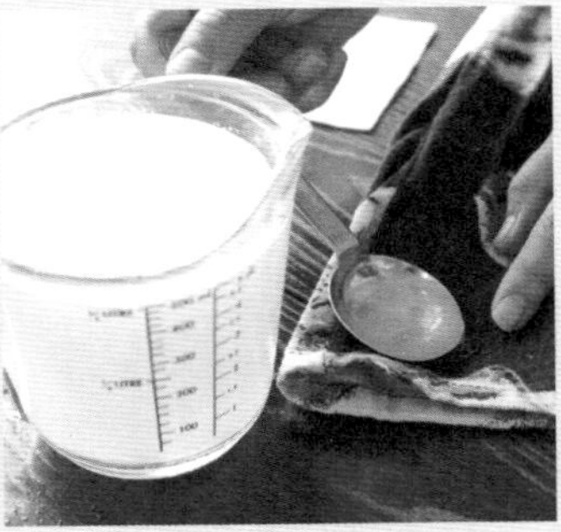

3. 5 分鐘後用白色布按壓，確認白布是否沾染色素。

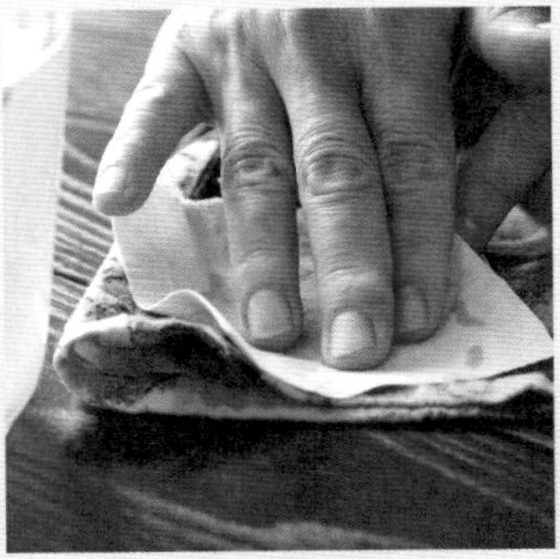

4. 衣物變色或白布沾有顏色的話，就代表不適合使用過碳酸鈉。

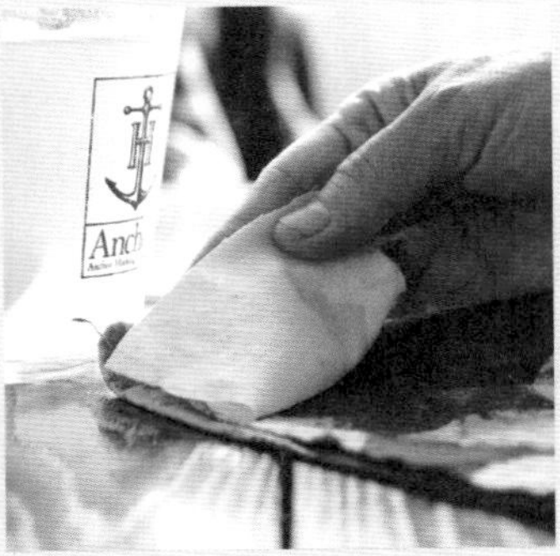

❗注意！請勿預先溶水後保存

一旦了解過碳酸鈉的使用方式，大部分的聰明主婦可能就想預先做好浸泡液，也有可能會想出「裝在噴霧瓶裡更方便」的妙招。但若仔細回想過碳酸鈉的特性，就會知道這不是個保存的好方法。過碳酸鈉只要碰到水就會開始釋放氧氣，若密閉容器漸漸灌滿氣體，肯定會「砰！」的一聲破裂，所以雖然噴霧瓶很方便，但還是避免在此運用。

過碳酸鈉應避免存放在太陽直射或高溫潮濕的地方。最好放入密閉容器防止灰塵和濕氣，並保存在乾燥陰暗處。取用時要注意手部是否乾燥，避免接觸到水分後，就在容器中開始進行氧化反應。

所以，我個人推薦使用「帶量杯儲物罐」。用來裝粉末狀的過碳酸鈉或其他清潔液都很適合，取用時也不需要小心翼翼，除了可以輕鬆避開手部碰觸，還能測量自己的需求。

TOPIC

02 廚房裡的「放置型家事」

❗ 使用溫水、充分浸泡廚具與餐具

如同我之前說明過的，過碳酸鈉具有殺菌、消臭和除汙的效果，所以非常適合用在廚房與廚具的保養。**但是，想要完全發揮過碳酸鈉的功用的話，要將待洗用品浸泡在已用溫水溶解的強效過碳酸鈉中，並放置幾個小時。**如果有像是沾到油漬這種比較難處理的狀況，就在原本的過碳酸鈉浸泡液中，再多加入肥皂粉或廚房清潔劑來加強清潔力。

還有一點很重要的是，東西要「完全浸入」。

例如，清洗茶壺時也會希望壺嘴的茶垢一起消失殆盡，這時候就必須要確實的連同茶嘴也完全浸泡在溶液裡才對。我們家曾經因為浸泡用的盆子不夠寬，沒辦法把比較大的餐盤全部浸進去，所以最近還特別買

可以浸泡大盤子的水桶

底部有旋塞能輕鬆放水，除了大小跟形狀都很適合，還另外附有把手，是相當方便的好幫手。

了兩個大小跟形狀都更適合的水桶，長寬差不多有30公分，能輕鬆放入碗盤與鍋子。通常在浸泡完成後，我會拿另一個水桶裝熱水，加入一大匙檸檬酸，接著依以下的流程完成清潔程序。

①從浸泡液中取出物品。

②用海綿擦拭掉附著的髒汙。

③完全浸入檸檬酸液達到酸鹼中和，
接著再用水沖淨就完成了。

另外，我習慣準備兩個可以互相替換的砧板，切完食材後可直接放進浸泡液靜置除菌，然後換取另一個乾淨的砧板。

TOPIC 02

❗一天洗一次碗就好

以亞洲人的習慣來看，大部分的人在用完餐後就會直接去洗碗。但其實在歐美國家，大多數家庭的習慣則是一天洗一次而已。因為一般來說，他們的早餐若只吃吐司或麵包這種乾物，其實也不會弄髒盤子，所以直接放進洗碗機等晚餐結束後才一起洗也不會有太大問題。

如果我們想要參考這個作法的話可以這樣做：**準備好一桶浸泡液，將早餐或午餐的各種待洗餐具浸入其中，等到晚餐後一次解決。這樣子不但更方便，而且浸泡液還能順便除菌去汙，洗起來更輕鬆。**

不過，對我而言，要在忙碌的一天結束後才整理一整天的髒碗盤是一件蠻痛苦的事。因此，我自己的流程則是調整成：在晚餐後稍微刮除明顯殘渣並放入浸泡液，隔天用完早餐後再一起洗。

其實呢，不論清洗時間是什麼時候，就是讓自己習慣一天只洗碗一次就對了。不需要太拘泥社會制式的規則，試著選擇更舒服輕鬆的方法做看看吧。

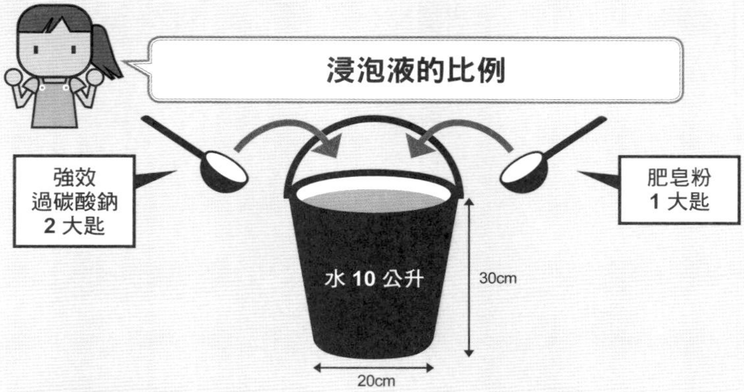

不適合浸泡的東西

很遺憾的，以下這幾種碗盤餐具不適合使用過碳酸鈉浸泡液：
烤漆類、燙金類、鋁鍋、烤箱中的鋁盤、黃銅或銅製的餐具。

※ 溫馨提醒：不鏽鋼菜刀、保溫瓶可以安心使用浸泡液。

放著浸泡就變乾淨的排水孔

最不受喜愛的家事排名中，名列前茅的肯定有：清理排水孔。

通常排水孔累積的汙垢真的讓人不太舒服，但如果放著不管的話只會越來越難清理，真是令人進退兩難苦惱不已。不如就在這個地方善用強效過碳酸鈉吧！讓排水孔成為「放置就能保持乾淨」的家事。

即便每個人家中的排水管累積的汙垢程度不同，但只要都以一週清理一次的頻率反覆進行，就能慢慢的讓排水孔變乾淨，並且維持清爽的狀態。這項家事的清理流程很簡單，可以參考後頁詳盡的清潔方式，並放心的交給家人負責。

排水孔的清理方式

事前準備

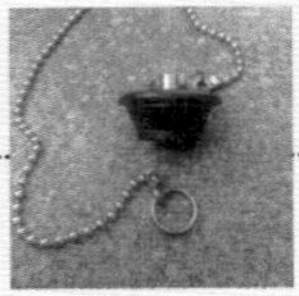

1. 測量排水孔的大小。
2. 購買剛好能塞住洞口的橡膠塞，塞子上附有比洞口稍大的蓋子也可以。
主要是要塞住排水孔，不讓水流掉。
3. 在橡膠塞上穿上鍊條，以便簡單拔除塞子。
通常可以在五金百貨行或網路購買鍊條。
4. 請拴好鍊條的另一端，不讓它掉進排水孔。

排水孔清理

1. 塞入橡膠塞後，將溫水大量倒入排水孔。
2. 將半匙到一匙量的強效過碳酸鈉撒入排水孔。
3. 若有不鏽鋼過濾網可以放回排水孔處一起浸泡。
4. 放置 2 小時左右。
5. 時間到後拉起鍊條、放掉溶液。
6. 基本上排水孔就會變乾淨囉！
如果還有特別明顯的髒汙，只要輕輕擦拭就可以了。

❗細菌滿佈的砧板就用……

你都會怎麼清理使用過的砧板呢？是不是在清洗後，還會習慣再淋上熱水殺菌才覺得安心？其實，這個時候就能派上強效過碳酸鈉！甚至連不太耐熱的塑膠砧板也能放心使用。

只要將切完海鮮肉類的砧板放入浸泡液中就好了，可以再加點肥皂粉提升清潔強度，大概放置一晚，隔天早上用水沖淨並完全晾乾就完成了，是不是非常簡單呢？

雖然可能會因為砧板比較大，而難以買到適當的浸泡容器，我建議可以找看看比較深的方型水桶。或是直接浸泡在家中的流理臺水槽，並以一週一次的頻率浸泡。使用這個方式的另一個好處，就是**取出砧板後的浸泡液也可以順便拿來將水槽清潔一番**，是省事又愉快的好處。

TOPIC 03

廚房清潔工具的除菌&異味對策

❶ 海綿菜瓜布和餐具一起浸泡

大多數人應該有聽說過，相較廁所或其它空間，廚房更是細菌滿佈，其中具代表性的物品就是長期處於潮濕狀態的抹布和海綿菜瓜布。

你有想過要怎麼清洗海綿菜瓜布嗎？海綿菜瓜布被用來刷洗不乾淨的碗盤，通常也會吸附食物的殘汁，但我們好像沒有特別想過如何清潔它，或是常常下意識就選擇用熱水殺菌，不過尼龍材質的海綿並不適合這種清潔法。

所以，不如順便利用清洗餐具時製作的浸泡液吧。在浸泡餐具時，也把海綿一起放進去。並且**要把它壓在碗盤下，避免浮起來而無法充分**

不使用海綿架

我們家海棉的固定位置是在水槽上方的抹布架。因為懸掛處比較顯眼，所以選擇稍有設計感的海綿。

浸泡。浸泡後只要再用水清洗、扭乾水分並用夾子晾在通風處就完成了。另外，如果家裡有洗碗機，也可以將菜瓜布放進去一起清洗。

還有個小細節要注意，就是別再用海綿架了。因為架子底盤的積水會導致海綿潮濕，而成為細菌繁殖的溫床，也容易出現異味。所以，不論是浸泡後、平常使用完，最重要的是，最後都務必**夾起來並確實晾乾。原則上，會建議不要再使用會積水的海綿架了。**

❗ 秒除排水孔濾網的油垢汙漬

在結束洗碗的工作後，我們通常也會大致刷洗一下流理臺，避免食物渣和汁液殘留，但流理臺的清潔通常也僅止於此。但事實上，光是這樣的動作並無法阻止排水孔濾網卡垢變色。

我之所以會注意到這點，是因為在生活中開始運用過碳酸鈉的浸泡液後，我發現，縱使是難纏的汙垢也能清除乾淨，所以有一次也嘗試用在排水孔濾網，發現使用後呈現的效果正是推薦浸泡液的最佳範例。

由於食物汁液會堆積在排水孔縫隙和濾網，所以會逐漸變色和形成黑色的頑固汙垢，若想要一個一個仔細清除，可是會相當費力。但只要反覆浸泡過強效過碳酸鈉液，就能變得乾淨如初。或許效果不會立竿見影，但在不需要額外費時費力的前提下，我認為浸泡法沒有壞處。

這個方式也同樣能運用在茶壺，像是茶壺壺嘴、茶蓋等佈滿茶漬的地方，只要浸泡後就能慢慢變乾淨，若真的很難纏，可以使用科技泡棉輕輕一抹就行了。

廚房的細菌繁殖情況

海綿的細菌量比想像中驚人！

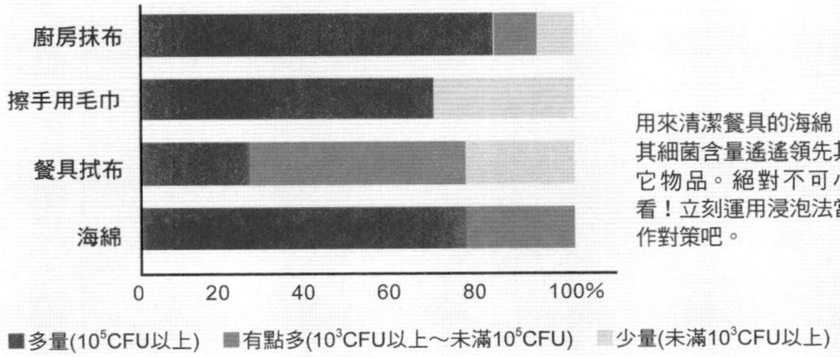

用來清潔餐具的海綿，其細菌含量遙遙領先其它物品。絕對不可小看！立刻運用浸泡法當作對策吧。

家中的細菌汙染情況 2016 年 4 月～ 6 月訪問 42 個家庭調查（花王 生活者研究中心）

❗避免滋生細菌的抹布清洗術

看了上表花王研究中心的調查結果，會發現抹布只做普通的清洗還不夠，也需要確實除菌才行。除了抹布，另外還包含餐具拭布和擦手毛巾等其它棉布。

其實最正確的清潔方式，就是放入水中煮沸來達到消毒除菌的效果。但是老實說，我們都知道擠不出時間這樣做。

所以，針對抹布的使用方式做點調整的話，或許是權宜之計。試看看擦拭前不要沾濕抹布吧！舉例來說，**換成乾擦的方式。備好一罐裝有檸檬酸液的噴霧瓶（請參考第118頁），並在要清潔的餐桌或吧檯**

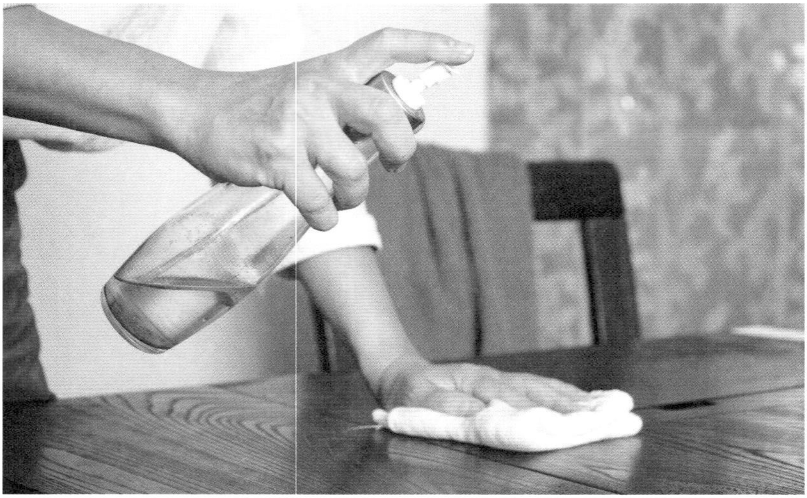

避免弄濕廚房抹布

檸檬酸和強效過碳酸鈉不同，能以溶解液的狀態保存，並能針對水垢這種鹼性汙漬發揮功效。

噴上檸檬酸液，最後再用乾抹布擦拭。如此一來，就能避免把抹布弄濕，也不會因為潮濕而滋生細菌和發臭了。

再來，當你想要清洗廚房抹布、擦手巾和餐具拭布時，就統統放到強效過碳酸鈉浸泡液吧，再加一些肥皂粉提高清潔力也可以，浸泡後再稍微搓洗就完成了。另外，我在幾年前買了「手動洗衣筒」這種簡便型的全手動洗衣機，如此一來可以直接在洗衣筒中做浸泡液，並把抹布或其他清潔布一起丟進去，在轉動洗衣筒時，就能一次達到攪拌溶液與清洗的動作，非常方便。

❗活用流理臺水槽浸泡油膩的瓦斯爐架

你都怎麼處理家中沾附了黏膩油汙的瓦斯爐架、抽油煙機呢？這些地方運用強效過碳酸鈉浸泡液，再加點肥皂粉（或肥皂液），也能做到輕鬆去除油膩汙垢的效果。

我們可以利用廚房的流理臺水槽清洗這些大型的物件，首先要準備能堵住排水孔的蓋子，如果手邊沒有的話，測量好排水孔的口徑，可以到五金百貨店或網路購買相符的排水孔蓋，之後就按照下一頁的步驟做清潔吧。

順帶補充一下，若是表面有塗漆的零件，在刷洗油垢時可能會一起刷下烤漆的部分。也再次提醒，因為鋁製品接觸強效過碳酸鈉浸泡液後會發黑，浸泡時請記得避開鋁製器具。

使用流理臺水槽浸泡的流程

所需時間約 2 小時。步驟 5 中，若器具零件無法完全浸泡其中，就需要經常轉動它們的角度，並且浸泡更長的時間，會比較乾淨。

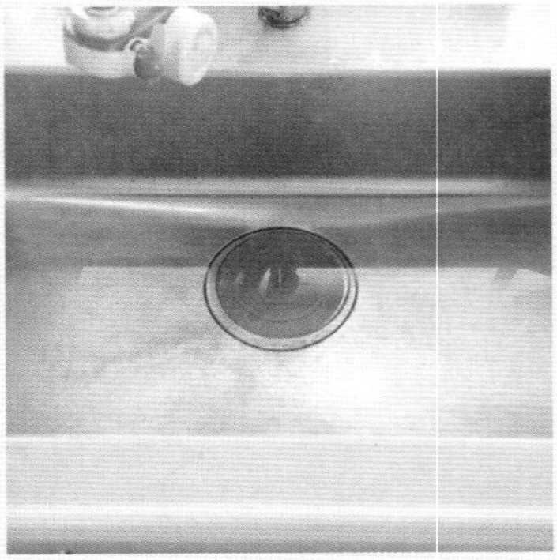

1 為了預防水流掉，用蓋子蓋緊排水孔。

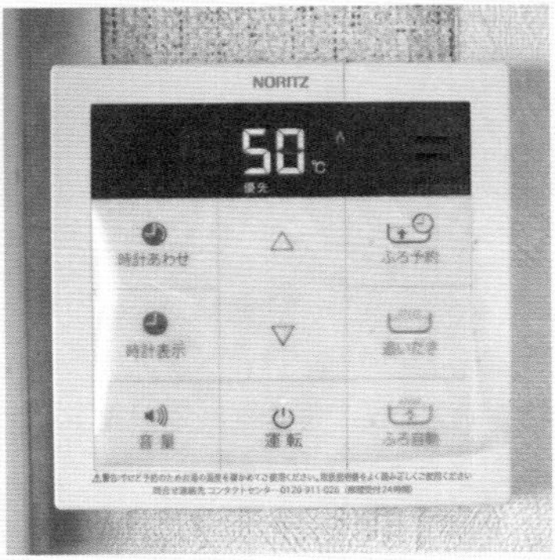

2 在水槽裡放入 30 ～ 50℃的溫熱水，溶解肥皂粉跟過碳酸鈉。

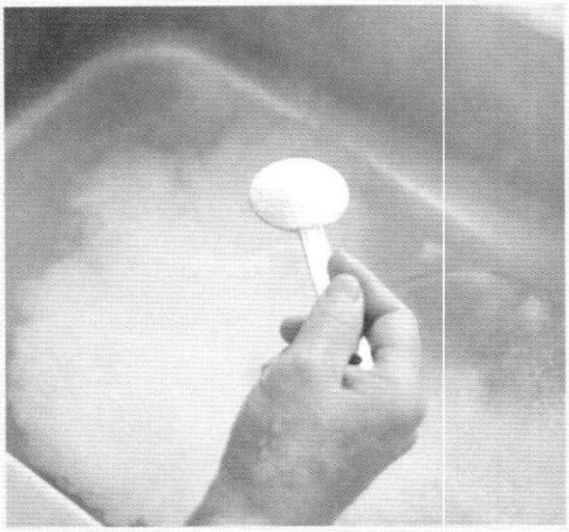

3 依據水槽的大小調整比例。
基本上 10 公升的水要搭配 1 大匙的肥皂粉跟 2 大匙的過碳酸鈉。

4 將要浸泡的抽油煙機風扇、瓦斯爐架等零件拆下來，放到浸泡溶液裡。

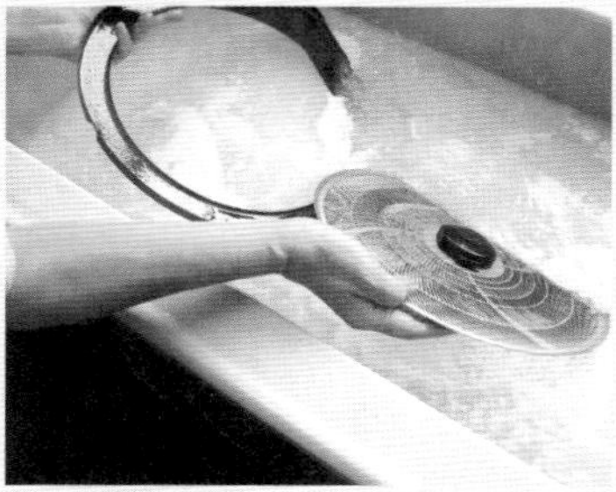

5 完全泡入水中。
器具零件盡量不要露出水面。

6 放置約 2 小時。

7 用海綿或布輕輕刷下髒汙。

8 排放浸泡溶液。並輕刷排水孔蓋與水槽，清理沾附的汙垢。

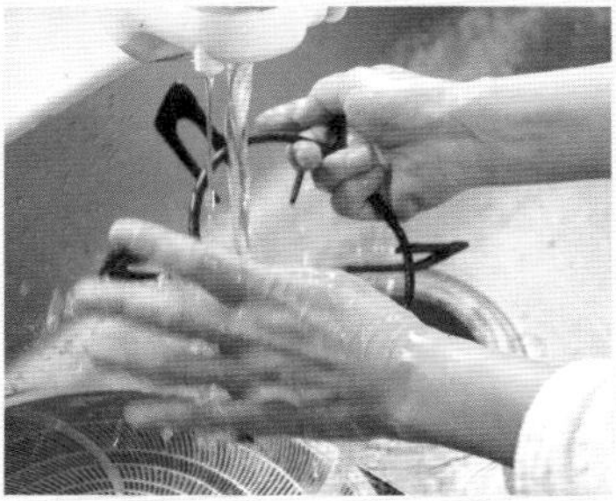

9 用流水沖洗浸泡過的器具零件。

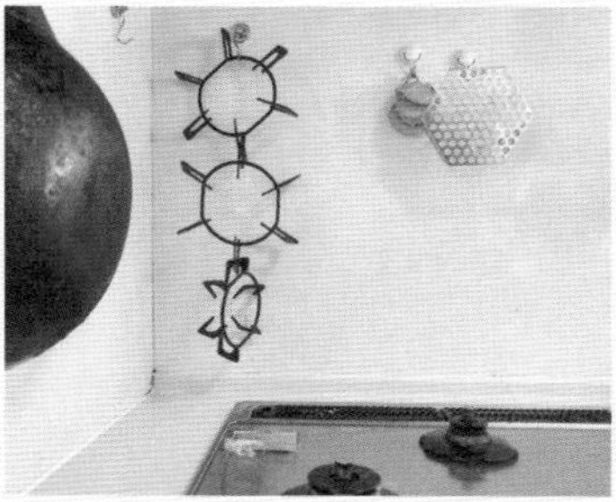

10 完全晾乾後裝回原本的位置。

清洗便當用品的方式

1. 將密封蓋等配件全部拆開，並把所有餐具零件和便當盒都一起放進洗滌桶裡。
2. 在洗滌桶裡倒入溫水，以熱水 5 公升溶解 1～2 小匙肥皂粉、1 大匙強效過碳酸鈉的比例來溶解。
3. 就這樣放置 2 個小時。
4. 用柔軟的牙刷等來輕輕刷洗蓋子上的黴菌、內側，以及其他汙漬等等令人在意的部分。
5. 各個配件用水沖洗過後，完全晾乾。

❗不損傷材質的不鏽鋼保溫瓶、便當盒清潔法

基本上現在幾乎人手一只保溫瓶，但大多數的人並不會注意用來清洗不鏽鋼保溫瓶的清潔劑是否含氯。事實上，氯會使瓶身和配件耗損。如同象印的水瓶，會在使用說明註記，若使用不適當的清洗劑會造成塗層脫落及損壞，所以要特別留意。

因此，不鏽鋼保溫瓶最適合**使用強效過碳酸鈉來清潔，能在不破壞器具的前提，完整消除汙漬茶垢。**

當然也同樣適合用在清潔便當盒，若因沒洗乾淨而藏汙納垢，結果

引起食物中毒的話就不好了，因此更需要好好清理。清潔時，也直接放進強效過碳酸納浸泡液就可以了，**若便當盒沾了比較難纏的油漬，再加入些許肥皂粉到浸泡液中來加強清潔力**。幾個小時後，能輕鬆除去會引起食物中毒的金黃色葡萄球菌等細菌，同時也可以消除異味。

浸泡液的二次使用

當使用完過碳酸鈉浸泡液後，可以找出不需要的碎布或即將要淘汰的海綿沾取浸泡液，拿來擦拭廚房一帶的瓶瓶罐罐。特別要抹去油汙時，使用可直接拋棄的布或海綿最方便。**所以，我會利用已經不穿的衣服，剪成方便擦拭的大小放在廚房備用，在浸泡完廚具後可以隨時使用。**

尤其是額外加入肥皂粉的浸泡液，拿來對付沾附料理油汙的瓶罐，以及平台廚櫃都非常輕鬆。除此之外，像是瓦斯爐周圍的牆壁、水槽內側、水龍頭，還有容易被忽略的廚房收納櫃把手、瓦斯爐的開關鈕，以及烤箱、微波爐的按鈕，也統統都能不費力地順手清潔了。

清洗水瓶的方式

基本的保養

1. 將瓶塞等水瓶配件拆除。若可以，集中放入水瓶中。
2. 加入半小匙的強效過碳酸鈉並倒入熱水。
3. 放置 2 個小時。
4. 用軟毛牙刷輕輕除掉明顯的黴菌或髒汙。
5. 各個部分皆仔細以流水沖淨並完全晾乾。

有令人難耐的汙漬時

1. 將瓶塞等水瓶配件拆除，和瓶身一起丟進水盆中。
2. 以五公升熱水及一大匙強效過碳酸鈉比例，製作能完全浸泡水瓶及零件的浸泡液。
3. 放置 2 個小時。
4. 用軟毛牙刷輕輕除掉瓶身、瓶蓋及其它配件上的明顯汙漬。
5. 各個部分皆仔細以流水沖淨並完全晾乾。

COLUMN

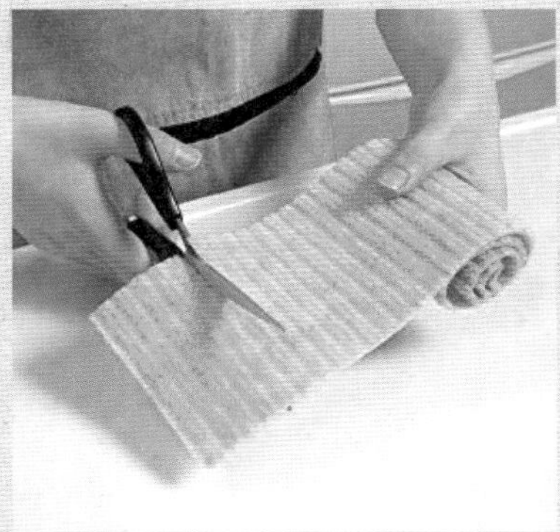

My favorite

可裁剪適用大小
SANKO
不織布菜瓜布

我個人很愛用專門清理頑強汙垢的不織布菜瓜布，其中推薦 SANKO 這個牌子。因為不織布的材質不像普通菜瓜布那麼粗糙，所以能在不刮傷器具的情況下除掉汙漬。

雖然，壓克力纖維菜瓜布也同樣以不傷手、不傷餐具的效果著稱，但依我的經驗，使用不織布菜瓜布清潔更不費力，就算是用來對付沾黏的頑固汙漬，只要稍加用力就能輕鬆解決。

SANKO 的不織布菜瓜布有設計兩款顏色，所以我習慣用顏色判別用途，分為廚房專用和其它地方用；因為它是一整塊布的設計，使用前再裁成適合使用的大小就好了，像是針對小角落就可以剪成細長狀，繞在食指上更好施力，非常便利。

尤其處理難纏汙垢的地方時，更能體驗到它「沾水即拭髒汙」的威力。但還是建議用強效過碳酸鈉浸泡後會更輕鬆，只需要輕輕一抹髒汙就掉了。

TOPIC 04

檸檬酸噴霧的妙用

❗酸鹼中和的除淨祕訣

基本上只要了解汙垢的酸鹼質，就能找到對應的清潔劑，清理起來會更輕鬆簡單！像是過碳酸鈉的浸泡液屬於鹼性，用來對付酸性的油漬和汗漬，能發揮強而有力的清潔效果，尤其達到酸鹼中和後看起來十分清爽。

但我發現，因為我們還是習慣再用清水沖一沖，所以當要處理瓦斯爐或周圍的牆壁時就顯得不容易，也加上許多家電品碰到水可能會故障的考量，所以應該儘量避免用水直接沖淨。這時候可以取代清水的就是檸檬酸水，在噴霧瓶中裝入兩百毫升的水，再加一小匙平匙量的檸檬酸，就可以當成平常預備的清潔液。

試看看在用浸泡液擦拭過後，再噴上檸檬酸。你會發現能馬上回到潔淨的狀態，最後再用抹布乾擦即可。那種乾淨清爽的程度可能會讓你發出「也太乾淨了！」的感嘆。不需要像以前費時又費力的刷洗，省去許多工夫，在短時間內就可以解決各種地方的髒汙。

不過，要注意檸檬酸水需要避免陽光直射，保存期限差不多為一個月左右。而且在天氣比較熱的時候會出現自然的白色沉澱物，如果很在意這個部分的話，就在溶液中加入一小撮鹽吧。

TOPIC
05

浴室裡的「放置型家事」

❗活用泡澡水和休息時間

泡澡後，你會直接放掉浴缸裡的水嗎？如果習慣直接放掉水的話，不如善用還溫熱的水，加入強效過碳酸鈉做成浸泡液吧！並利用晚上就寢時間，將浴室內的物品或平日難以處理的大型布類放進去浸泡。如此一來，就不用另外準備臉盆或水桶，而且浴缸的大小可以浸泡大多數的物品，想放什麼就放什麼，完全不用怕。

只不過，依據物品的材質，應該調製出不同的浸泡液。第一種是只加入肥皂粉，第二種是在肥皂粉中再加入強效過碳酸鈉，第三種則是只放強效過碳酸鈉。

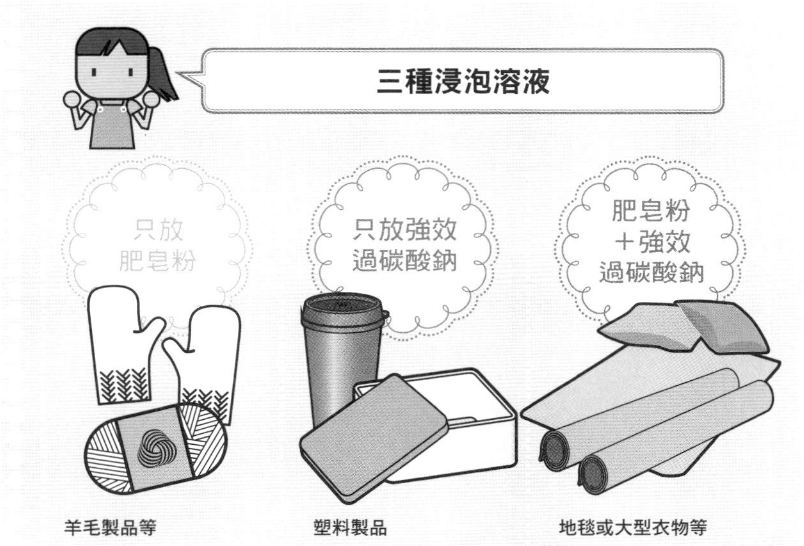

※ 浸泡前先確認東西的原料，也要進行 P.98 的褪色測試。

舉例來說，若今天想要浸泡羊毛毛毯，因為需要避開鹼性清潔液，就只用肥皂粉的浸泡液。而地毯這種比較厚重的大型布製品，推薦用「肥皂粉＋強效過碳酸鈉」。另一方面，大部分的沐浴罐、皂盤等塑料製品，只需要放入強效過碳酸鈉的浸泡液就夠了，不會製造出多餘的泡沫，沖洗也很簡單。

經過數小時的浸泡，大部分的汙垢真的只要輕輕刷洗就會咕溜溜地掉下來。若有殘留需要費點力刷除的頑固汙漬，記得選用不傷材質的不織布菜瓜布。

TOPIC 05

❗不用特別刷洗也OK的瓶罐清理

浴室中的瓶瓶罐罐總是會沾附黑色或粉色的黴菌嗎？只要利用泡澡水製作強效過碳酸鈉浸泡液，將這些瓶罐泡進去就好。若有需要提高清潔力，再加入肥皂粉即可。

不過，像是裝洗髮乳、沐浴乳的塑膠罐，會因為浮力而無法好好浸泡在水中。可以先把瓶口鎖緊再放進水中，藉由瓶中的液體重量能讓瓶子下沉來增加浸泡的範圍。而水桶、臉盆這種類型的物品，只要填滿水就能讓它們好好沉在浴缸底部。若是像肥皂架等塑料用品只能浮在水面上也沒關係，不需要特地拿蓋子重壓，只要靜置一陣子即可。等到要刷洗浴缸前再將浸泡物品取出，最後用蓮蓬頭一起和浴缸沖洗乾淨。

可能有人會問說「不用刷洗嗎？」基本上是不用的。如果覺得不放心，你也可以用第117頁所介紹的不織布菜瓜布輕撫過，髒汙會自然跟著掉落。但是其實浸泡後沖乾淨就好，尤其當你「真的沒空」或是「要求

把盥洗用品統統泡進去

在浴缸準備好強效過碳酸鈉液後，把臉盆、水桶、小椅子等等都泡進去吧。一週保養一次，不需要特別刷洗也可以保持乾淨。

家人再多做一個步驟很困難」的情況，就在日常泡澡後反覆進行這個動作看看。

慢慢的你會發現，就算只多做一個動作，但只要持續地進行，事情就會有所不同。至少，那些瓶瓶罐罐不會再被黏黏的粉色、黑色黴菌緊緊附著了！

順帶一提，利用泡澡後的水也能做浴缸的清潔保養（請參考第124頁），也可以順便浸泡盥洗物品或蓮蓬頭、蓮蓬頭

浴缸的清潔保養法

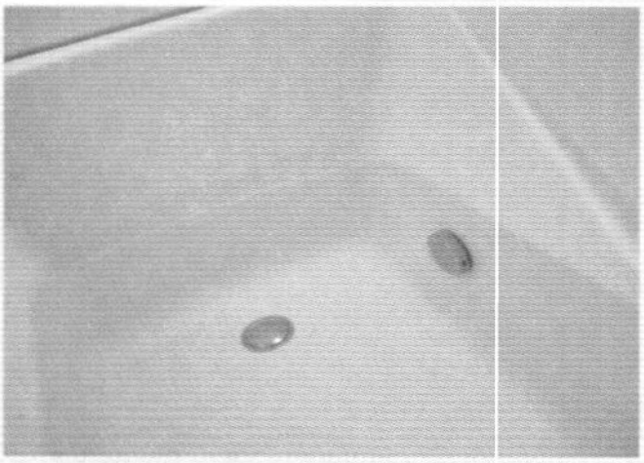

1 保留泡澡後的水至比排水孔高一點的深度。

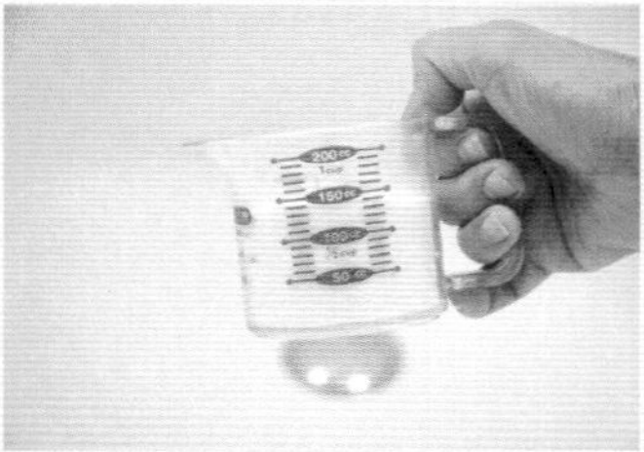

2 放入大約 150cc 的強效過碳酸鈉。

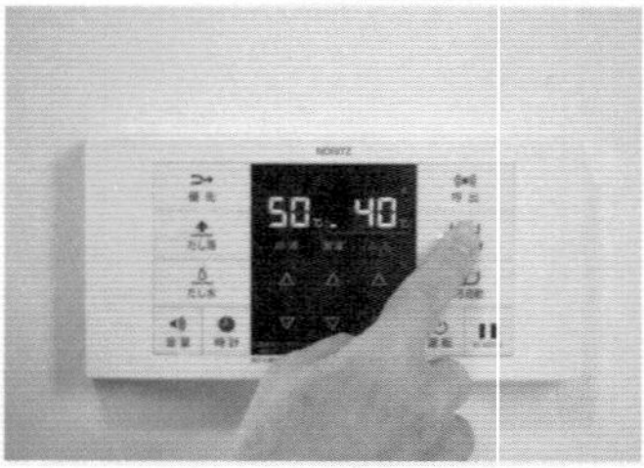

3 重新加水至 40℃，放置約 2 小時。

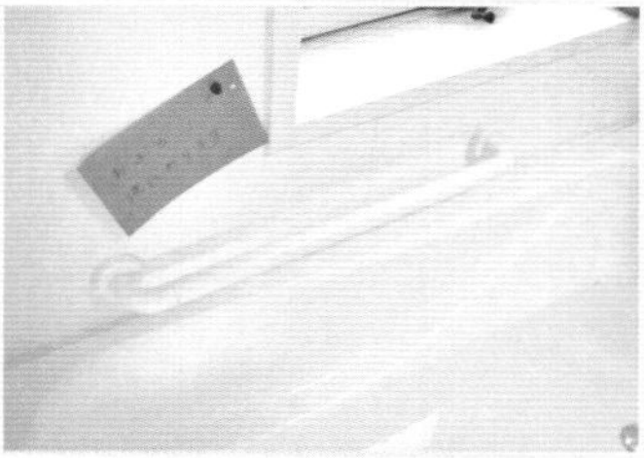

4 2 小時過後，再次重新加水至 40℃。

5 把水放掉，用蓮蓬頭沖洗浴缸。

軟管等等，效果都很不錯。

❗輕鬆應對難纏的排水孔蓋

利用泡澡後的溫熱水，能輕鬆清潔平常不想處理的地方。**舉例來說，像是洗衣機的進水軟管、過濾器、水槽過濾網、洗手臺的排水孔蓋等等，這些容易因為忽略而滋生細菌、黴菌的物品，也全部丟到浴缸浸泡液中吧。**

原本的汙垢經過浸泡就能輕易刷落，如果是比較在意微小汙垢的人，也可以再特別用牙刷或菜瓜布刷除。但其實只要增加平常浸泡的次數，附著在上面的陳年髒汙就能逐步獲得改善，所以這種浸泡法非常適合懶惰、不喜歡清理卡垢的人。

還有另一個**小祕訣，就是如果希望黴菌或粉色黏液不要一直冒出來**

蓮蓬頭連接軟管的保養方法

1. 在水桶裡裝入剩下的泡澡水。
2. 加入強效過碳酸鈉溶解。差不多半大匙的量。
3. 將汙漬處完全浸泡其中。
4. 放置 2 ～ 6 小時。
5. 使用牙刷或海綿刷洗髒汙。
   若軟管是塑料製，請輕輕刷洗避免刮傷。
6. 用剩餘的泡澡水沖洗，晾乾後裝回原位。

的話，就跳過用水沖淨的步驟。從浸泡液取出後，直接放回原位就可以了。因為無論是黴菌或粉色黏液的酵母菌，都不喜歡過碳酸鈉製造的鹼性環境。所以只要不把鹼性防護沖洗掉，就能讓這些微生物難以生存、漸漸消失了。

❗ 如何保持蓮蓬頭軟管乾淨？

我想在關於「清潔蓮蓬頭」的問答中，許多人會對「軟管上的黑色黴菌」感到非常困擾。

從沖澡的使用習慣來看，如果是將蓮蓬頭掛在高處，黑色髒汙通常比較不明顯。但如果是習慣放在下方，蓮蓬頭連接軟管會不斷地和地面摩擦而造成刮損，而附著在這個地方的黴菌便會附著地更牢固。

當想要除去這部分的汙垢時，就把軟管放進浴缸的浸泡液中吧。也可以再簡便一點，利用右頁的步驟做水桶版的清潔。如果在定期保養之後，汙垢變得比較不明顯的話，就可以省略步驟⑤，浸泡完成後就可以沖乾淨、掛回原位囉。

TOPIC 06

洗滌方式的重大改變

❗ 有色衣物也能安心使用

學會活用過碳酸鈉的最大好處，就是能改善洗衣服的流暢感。除了絲綢、羊毛等動物纖維會因為過碳酸鈉的鹼性性質，造成衣料縮小、變色或是其他破壞所以需要特別避開之外，過碳酸鈉包含的漂白效果連有色衣物都可以放心使用。

當然，如果你擔心棉質衣物會不會因此褪色，請在洗衣服前仔細查看洗標上有沒有「注意褪色」的警語。如果仍不太確定是否適用過碳酸鈉，可以在衣角或其它不明顯的地方做褪色測試（請參考第98頁）。若測試後發現不適用的話，即便遺憾也請不要強用過碳酸鈉來清潔。

雖然看起來的注意事項很多，但其實大部分的衣料都可以直接使用過碳酸鈉來清潔和漂白，一旦你上手後就能親自體會到它的方便性。

❗ 掰掰！髒髒臭臭的襪子

我們可以按照下頁步驟的浸泡流程來對付骯髒有異味的襪子。尤其像是懷孕時這種對味道敏感的特殊時期，**可以先製作好過碳酸鈉浸泡液，讓家人回到家後就能順手放入浸泡液，靜置數小時後就能達到去汙除臭的效果。**

另外還有針對衣服的領口、袖口等這些容易累積汗漬髒汙的地方，也能輕鬆簡便的處理。現在，我們可以改掉用力來回搓揉的習慣，因為摩擦纖維容易起毛絮、破壞衣服外觀，因此倒不如透過浸泡液的漂白力量去除汙漬，使用上更不費力也更省時，生活也能更舒心。

髒襪子的清潔方法

1 在浸泡桶裡加入溫熱水。也可以運用泡澡後的水。

2 以 10 公升的水搭配一大匙肥皂粉、兩大匙強效過碳酸鈉的比例，放入浸泡桶裡輕輕攪拌。

3 將髒襪子完全泡在浸泡溶液裡，放置 2 ～ 6 個小時。

4 完成浸泡。將襪子和浸泡液一起倒進洗衣機，和其他衣物一起進行一般洗滌流程。

去除領口或袖口髒汙的方法

1 在浸泡桶裡加入溫熱水。運用泡澡後的剩水也很方便。

2 將衣服朝下浸泡，讓髒汙部分可以確實地浸泡在水中。

3 將肥皂和強效過碳酸鈉放入水裡輕輕攪拌。以 5 公升的溫熱水搭配半大匙肥皂粉、一大匙強效過碳酸鈉的比例。

4 確保髒汙處完整浸泡其中，放置 2 ～ 6 個小時。

5 完成浸泡。將衣服連同浸泡溶液一起倒進洗衣機，和其他衣物一起進行一般洗滌流程。

終極懶人浸泡洗滌術

終極懶人浸泡術就是直接在洗衣槽裡製作浸泡液，不再額外準備浸泡桶。

如此一來，髒衣物在洗衣槽完成浸泡之後，就可以直接啟動洗衣機進行一般洗衣流程了！免去來來回回的動作，可以說是終極的懶人浸泡法（流程請參考第132頁）。

一般來說只要用冷水，大部分的衣物都能洗得非常乾淨。但如果是相當頑固的汙漬，可能會需要用熱水製作的浸泡液才能達到去漬效果，最後再與隔天的髒衣物一起清洗就好了。所以一般而言，並不需要特別去進行任何其他的流程。

終極懶人浸泡洗滌術

務必要確實將衣物浸泡在水中。在 1 自動顯示水位後，重新設定成多兩段的水位會比較保險。

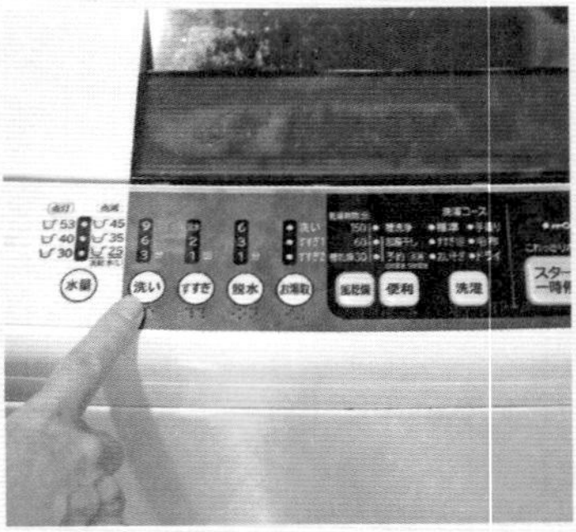

1 把待洗衣物放進洗衣機裡，設定洗滌模式（不是全自動模式，流程只有「清洗」而已）。

2 倒入肥皂粉及強效過碳酸鈉。

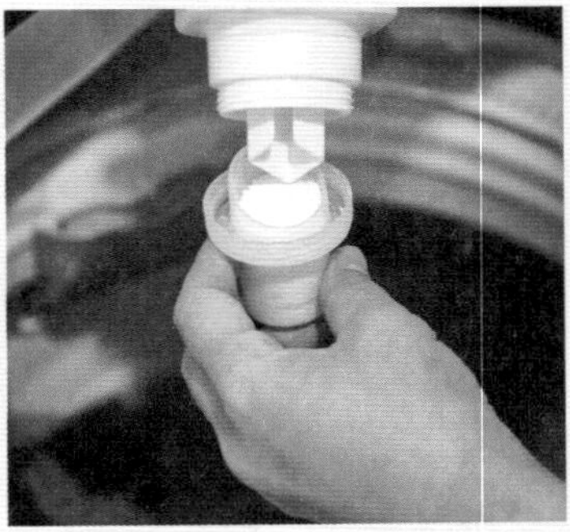

3 比例是 10 公升的水搭配一大匙的肥皂粉以及兩大匙的強效過碳酸鈉。

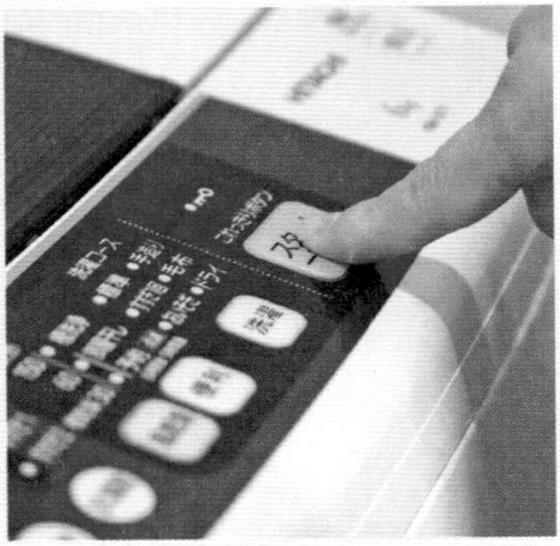

4 按下「開始」進行清洗。結束後不要脫水，保持在有洗衣水的狀態。

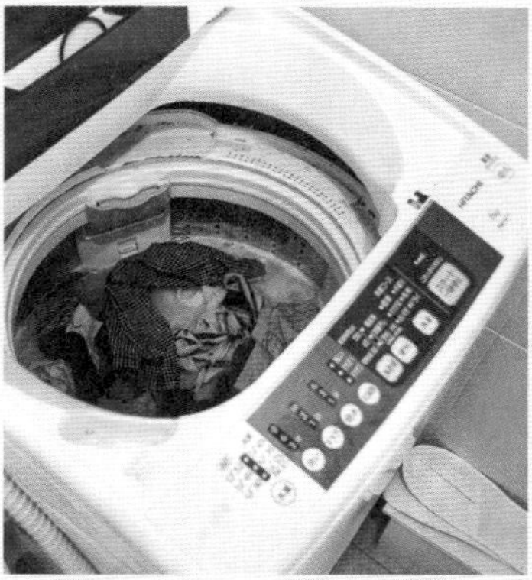

5 放置2～6個小時。接著使用全自動模式進行一般清洗。

6 脫水後即可曬衣服。

緊急去除汙漬的方法

1 以熱水溶解強效過碳酸鈉。

2 將毛巾吸滿溶液後，按壓汙漬處。

3 再另外以沾濕的毛巾擦除。

4 反覆 2 ～ 3 的動作直至汙漬處乾淨。

❗ 輕鬆對抗醬油飲料等常見汙漬的方法

我經常會看到部落客們把OXI CLEAN等過碳酸鈉萬用去漬粉當作最佳的清潔夥伴，熱情地分享各自的運用方式。但因為使用的方式很多，若沒有拿捏好的話，實際上很難做到輕鬆去汙的效果。

因此我想分享能讓你輕鬆上手的方式，也就是先製作強效過碳酸鈉的浸泡液，並透過上方表格的步驟，就能應對各種緊急狀況。

首先，有一種汙漬是不含油脂成份的，像是血漬、紅酒、咖啡或紅茶等等，這類型的髒汙利用上表的方法就能徹底解決。另外一種則是含有油垢的髒汙，譬如義大利麵等食物醬汁，處理這類型的汙漬時需在右頁表格步驟②裡，增加一個搓揉毛巾讓肥皂起泡的動作，然後在進行後續流程即可。

除此之外，還是要再次提醒，過碳酸鈉浸泡液不能接觸皮革製品、絲綢、羊毛等動物性的衣料，請務必小心。

大部分不小心沾附的汙漬應該都能透過這個緊急處理法解決，並再以一般洗衣服的流程清洗就可以了。結束清洗後，記得再次確認衣服上是否有殘留的汙漬。

TOPIC
06

小孩也能做到的鞋類清潔

我相信許多人的願望會是「家人可以負責洗自己的鞋子」。但或許也會有人提出「孩子們有辦法好好洗乾淨嗎？」的意見和擔憂。其實這個疑問有個簡單的解決辦法，就是**清洗前先泡過浸泡液，就算是小孩子也能讓鞋子變乾淨**。這個鞋子浸泡法可以參考左頁。還有，**最後沖洗的步驟，一般會使用兩桶水的量，建議還可以加入一大匙的檸檬酸達到酸鹼中和，能顯得更清爽明亮**。

還有另一點能讓媽媽完全放手這項家事的方法，就是不需要執著於要由你自己做好浸泡液。因為浸泡液的製作方法真的很簡單，若希望孩子可以完整學會這套簡便有效的清潔法，就從頭到尾都放心交給孩子吧！

室內鞋、運動鞋的清洗方法

1 在水桶裡倒入熱水。以10 公升的熱水搭配一大匙肥皂粉、兩大匙強效過碳酸鈉的比例，加入後輕輕攪拌。

2 馬上將鞋子浸入浸泡液中。

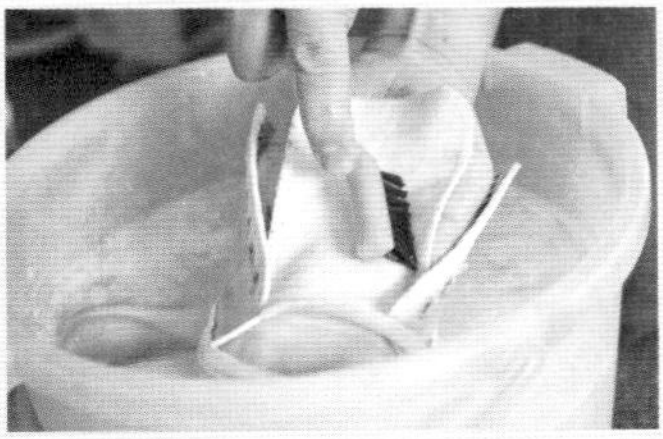

3 放置 2 小時。再用鬃毛刷刷洗髒汙部分。

4 大概用兩桶水桶的水量來完全沖淨。

5 完全曬乾後就完成了。

❗ 順手保養洗衣機

你能充滿自信的說出家中的洗衣機很乾淨嗎？通常在習慣上，我們洗完衣服後，為了防止洗衣槽內部發霉和滋生細菌會打開蓋子，但是這個舉動卻因此讓灰塵落入洗衣機。而且也容易一不留意就在洗衣機面板上殘留清潔劑、手垢等等。但因為我們很少花時間清潔這個部分，如果持續放著不管，累積的汙漬將會很可觀。

雖然，也可以不去在意那些地方。不過，如果在心情還不錯的時候，稍微花點時間就能除掉礙眼的汙垢，又何樂而不為呢？

舉例來說，在浸泡衣物的期間，順便用紙巾或碎布沾取浸泡液，擦拭一下洗衣機面板和周圍。像這樣利用浸泡液即可，不必再額外購買清潔劑，少了瓶瓶罐罐之餘也省了時間。

用這種順手擦拭令人在意的髒汙的方式，以及按左頁表格的步驟定期保養洗衣槽，不但不需要多花時間，還能免去一次清洗洗衣機的浩大

洗衣槽的保養方法

1. 將洗衣機的水量設定成最高水位放水。
2. 以 10 公升的水搭配 2 ～ 3 大匙強效過碳酸鈉的比例調製浸泡液。以上的比例是標準，但我習慣會放一整袋約 300 公克的強效過碳酸鈉。
3. 讓洗衣機運轉 2 ～ 3 分鐘。
4. 切斷電源，放置 2 小時。
5. 再次打開電源，以洗清模式運轉一次，排掉浸泡液。之後再重新設定最高水位入水一次，沖洗乾淨。

工程。從這點也能看出強效過碳酸鈉的高效除淨力，即便只用溫水也很有效果。如果在擦拭後，還有地方摸起來黏膩，再噴上檸檬酸水後乾擦即可。

另外，請家人學著製作浸泡液的同時，也鼓勵他們培養順手保養的習慣。一旦全家人都知道浸泡液有多萬能，就能輕鬆維持洗衣機內外的潔淨。

COLUMN

My favorite

終極懶人浸泡術的意外驚喜

使用洗衣機來進行懶人浸泡術一段時間後，我發現一個驚人的事實。

以前只要不留意就會滋生黴菌的棉絮濾網，現在幾乎完全不會發霉了，而且洗衣機不太會再看見粉紅色黏液的黴菌，梅雨時期也不容易再發黑了。

滿懷驚喜又充滿疑問的我向強效過碳酸鈉廠商說明後，廠商回答「若習慣利用洗衣機來製作浸泡液的話，可能也會針對棉絮濾網這種容易發霉的地方發揮作用，效果非常好。」

使用洗衣機作懶人浸泡術的附加價值！
設定高水位的浸泡跟清洗，能成為輕易保持洗衣槽與棉絮濾網乾淨的捷徑，這點真的很令人開心，簡直是賺到了。

CHAPTER 3

除了家事媽媽，還有「家事爸爸、家事小孩」

做不完的家事就放著不管嗎？
不不不，讓另一半和小孩來幫忙吧！
我會傳授讓全家人一同參與家事的祕訣。

TOPIC 01

首先聽聽全家人的意見

全家人「一起」做家事的技巧

真的要說是為了什麼而做家事的話，基本上就是讓住在同個空間的所有人都能開心、舒服的生活。所有人指的就是「全家人」，只要住在同一個屋簷下，不論是大人小孩都是這個家的成員。當然，很重要的一點是，媽媽也是其中一員，家也應該是媽媽能舒心生活的空間。

每天的生活中，存在許多看不見的原則。這是家裡的所有人為了確保一個家能順利運轉，彼此需要互相配合的規則。例如晚上七點左右吃晚餐，大家睡覺前要輪流洗澡，還有洗碗、洗衣服……等等許多瑣事，或許每個家略有不同，也可能因家庭成員的生活習慣而變動，但這幾乎是每個家的實際情況。

但如果總是以媽媽為中心來運作，雖然看起來掌控了一個家的生活方式，**漸漸地媽媽也成為決定規則的人，其他家人就變為「負責遵守規矩」的人了**。長此以往，其他家人的立場就會是「家事是媽媽的責任，我們只要負責遵守就好」，到那個時候想要改變「家人與家事」的關係，就需要更多力氣了。

現在，你希望家人對家事的態度不再是事不關己嗎？當你想讓其他成員參與家務事，就先從「詢問意見」開始吧。舉例來說，家裡冰箱壞掉了，就問問看所有人「想要換成什麼樣的冰箱？」像這樣先從徵詢大家對家用品的想法開始，接著，可能陸續會聽到「想要有大冷凍庫可以放冰淇淋」或是「想要某朋友家的冰箱，感應後會自動打開的那種。」的回應。

要換怎樣的新冰箱？
冰箱壞掉了……
過幾天後……照兒子和女兒的需求買的冰箱送來了
我都可以喔！
只要感應就會打開的冰箱！
科技感～♪
想要可以放更多冰品。
一大堆
將將～
感應式冰箱
冷凍庫超大
那麼你就是負責當冰淇淋負責人。
那買牛奶的任務就交給你，好嗎？
喔、喔…

藉由詢問全家人的意見，會聽到跟你原本預想不同的需求，包括冰箱機能、尺寸等等，也可能會出現本來不知道的情報呢。而且，一旦家人發現自己的意見被尊重後，便會更樂於分享自己的觀點，反覆進行幾次後他們也會習慣講出自己的想法。在這樣熱絡的互動中，我想最後也不必由你動手收集「冰箱調查清單」，也會有人跳出來負責。

透過這種方式，家用品的相關家務也能順便發配出去。假如最後選擇購買了具備大冷凍庫的冰箱，就任命當初的發想者為冰品負責人，如何？也能順便交付他確保家中牛奶、果汁充足的家務，像是這樣將當初的建議跟家事連結在一起。

最後，家人們就能分擔這些瑣碎卻重要的家務事了。

TOPIC

02

不勉強自己的心法

誠實的說出「我辦不到」

有一次我無意間在《談談家事》的部落格看到這段話：「小時候，我覺得比起朋友的媽媽，我的媽媽比較不擅長家事。因為她很常將『啊，那個我沒辦法啦』掛在嘴邊。」仔細一看，這居然是我的大學生女兒的發文，接著她還寫道：「但因為媽媽的語氣中帶有歉意，所以從小我就有『媽媽做不到嗎？那就我來做吧！』的想法。」

這段文字讓我嚇了一跳，因為我不知道原來她一直有這樣的感受。

不過，認真想想應該不只有女兒會這麼溫柔才對。如果媽媽真的說出「我做不到」的時候，無論是女兒、兒子或先生，家裡應該不會有任

不為難自己的練習

何人丟出「怎麼會辦不到？」這種生氣的言論。

所以，請你勇敢的掙脫「媽媽的束縛」吧！**拋開「一定要辦到不然會讓家人丟臉」的包袱，同時也把「解決問題」的機會留給家人。**

因為你可能沒想到，自己被自己的傳統價值綁住了，一直以來都是你在為難自己。從現在開始，試著不再習慣性背上「媽媽做不到」的沉重負擔，並誠實對家人說出「這件事好像有點困難」，相信孩子或老公也會盡力為問題想出對策，如何呢？

TOPIC 03

「家中的」家事外包計畫

❶ 家事的每一步都是分工要點

想要減少你自己要做的家事嗎？透過重新審視自己對每件家事的看法，再來制訂有效的「家中外包計畫」，能解決無法讓家人好好分擔家事的問題。這麼說好了，如果家中的成員有媽媽、老公、國中生大兒子，以及小學生小兒子共四個人的話，衡量家事分工的方式可以參考左頁表格。

這個家事外包計畫有兩個重點：第一個就是改掉大方向的家事切割法，例如誰要煮飯、誰去洗衣服，這樣子不但會造成家人意願低落，執行起來的效果也不好。所以，試著寫出每件家事的步驟細節吧！例如吃飯這件事可以分成：決定要吃什麼、買食材、煮飯調理，還有最後的

家中的「家事外包」計畫

項目	喜惡	理由是什麼？	可以跟誰談？怎麼談？
思考要吃什麼	討厭	每天反覆想同樣的事很麻煩，而且大兒子不喜歡蔬菜。	大兒子：他想要吃什麼？可以從食譜筆記裡選出來。
洗衣服	喜歡	因為洗衣機會幫我做。	♪
摺衣服	討厭	很麻煩，而且傍晚也沒有時間做這件事。	小兒子：可以幫我摺衣服嗎？
整理玄關	討厭	老公的單車很礙事。	老公：腳踏車放在這很危險，你可以幫忙解決嗎？

收拾清洗，我說的是像這樣的**精準流程**，將一件事情細分成好幾道工，如此一來就不用自己處理太多細碎的流程，而家人願意負責的意願也會提高。

再來，就是挑選正確的協商對象。當你想分配一件家事時，**就去找比較拿手的那個家人，或是有問題的當事人**，先從這件事怎麼做會更好談起。談論分工時的氣氛要保持愉快，提出「來討論看看吧」並確定家人樂意為媽媽分擔的部分，這樣分工的事才不會無疾而終。

最後，如果有一件「全家人都不喜歡」的家事，不如就先擱置一陣子，若完全沒有造成生活上的困擾，不如就果決刪除這項家事吧。

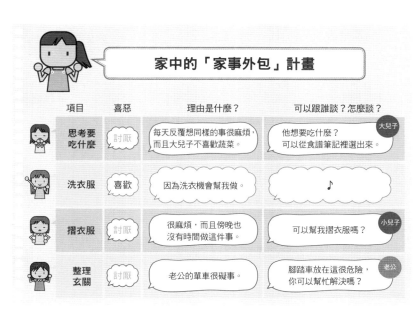

TOPIC

04

從「家人的祕書」辭職

善用月曆讓家人能掌握好各自行程

從我家的三個孩子們開始上學並有各種才藝課後，我就無法清楚記住他們的行程了。要我熟記一個孩子的每日行程沒問題，但當有了三個孩子後，就超過我的管理能力。**因此我買了標籤貼紙，並將每個家人分成不同的顏色，在月曆上標記出每個顏色的時間和計畫。**

這樣做的好處是家人能學會管理自己的行程。假如他們下課回家後說「跟朋友約好要出門」，我會請他直接「看月曆」，確認今天那格有沒有自己的貼紙。如果已經有安排的日程，就請他自己打電話跟朋友重新約時間；另外，學校或補習班、才藝班的聯絡資訊也分成自己的顏

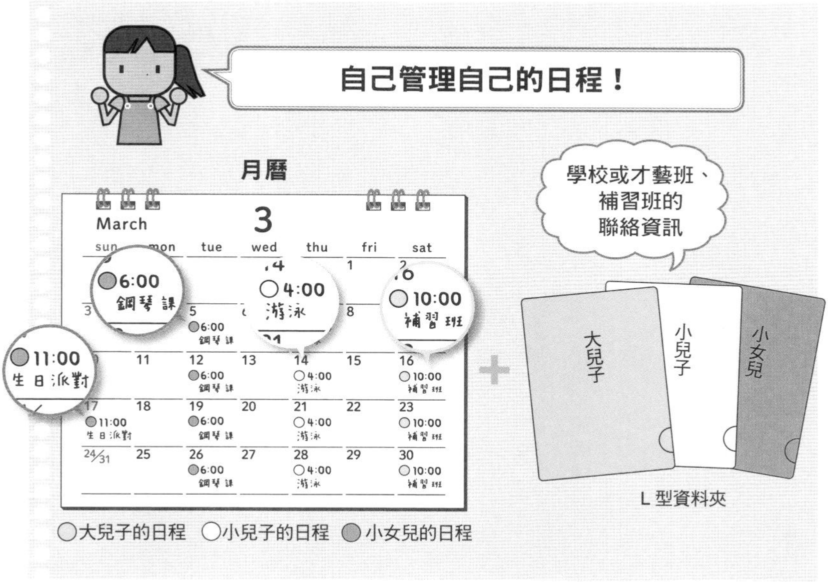

色，放入L型資料夾中，和月曆掛在一起。所以孩子可以輕鬆地自行查看、自行聯絡。

這個習慣培養起來之後，大家會主動在早上確認自己的行程。不再過分依賴我、總是要問我今天要幹嘛，而是主動了解「啊，今天沒有任何約會」後再出門。

孩子們長大後甚至會自行應用。像是不需要帶便當到學校的日子，就會自己在那天貼上貼紙，寫上「不需要便當」；如果因為忘記註明而我已經做便當的話，那就是孩子自己的責任，出門前看是要本人帶走還是約好「回來以後再吃」。

即便現在大家都要成為大人了，但如果有需要我幫忙的事，我也會請他們「寫在月曆上」。然後補充說明「我沒辦法全部背起來，如果是很重要的事就一定要寫下來。」像這樣讓全家人懂得善用月曆，能讓生活變得更輕鬆。

自己的信件自己處理

家裡總是會收到別人寄來的郵件，除了私人信件，還包含廣告傳單或型錄。而判斷這些信件是否要拆開、分類信封等等，並不是我的工作。我現在已經學會不清理任何人的信件，而是準備好Ａ４抽屜並貼上每個人的名字，直接放在裡頭。

「有從○○寄來的信嗎？」如果有人這樣問，我會回答「去抽屜確認」。我可以幫忙收到各自的信箱，但放進去之後就是當事人的事了。

就算發生「沒有！」「在哪裡!?」這種要尋找、確認的事，我也只會幫忙到孩子小學為止。真的找不到的話，像是打電話請對方再寄一次的對應工作，也是當事人自己的責任。

看起來好像很冷淡，但只要反覆進行個幾次，就會慢慢開始知道，**信件的管理是每個人自己的責任，因為找不到而責怪媽媽或老婆、要求「一起找吧」都是不正確的習慣。**

另外關於學校的相關信件，我們家是約好先放進我的抽屜。要是孩子記得放進抽屜我卻忘了做的話，那就是我的責任，我會打電話跟老師致歉，並處理好我應該完成的事等等。但如果是孩子忘記放信進抽屜而沒有順利完成事情的話，像是忘了把校外教學的轉帳單給我而沒有繳費，這個情況就要孩子自己和老師道歉。當然，我還是會盡快幫忙處理好。重點在於，要讓家人慢慢學會承擔責任，而不再一味的依賴媽媽。這樣反覆的練習下去，媽媽的生活壓力一定會越來越輕盈！

TOPIC

05

在孩子參加「棒球社」之前——

利用社團活動培養家事敏感度

兒子在國中時想要加入棒球社或足球社，當時我就直截了當地跟他說「媽媽應該沒辦法像其他媽媽一樣，每天努力把球服洗成全白喔。」後來又跟兒子補充「當然不會要你不參加社團，但媽媽做不到每天清洗、把制服整理到最佳狀態，希望你要做好自己清洗制服的覺悟後再入社。」

最後在他決定之前，因為我又半開玩笑地補一句「游泳社不是比較好嗎？也是能運動的社團」，所以後來的討論變成「媽媽只是不想洗衣服！」而大吵一架。但是，孩子自己知道抱怨下去也沒用，經過考慮後他決定加入網球社。

雖然現在我們也會開玩笑地聊起「那時候加入足球社的話，搞不好已經是國家代表選手了……」但我想說的是，這其實是一個絕佳的反思契機。因為參與社團活動而延伸出的一項新家事，藉由討論這項家事對媽媽帶來的負擔，以及能夠做到的程度，可以讓兒子注意到「洗衣服不輕鬆」，往後對於家事分工也能更體諒。

TOPIC 06

晚上九點後「主婦營業打烊」

家事也有營業時間

現在有越來越多人的工作型態轉為「在家辦公」，即便看起來相當方便，其實也有讓人感到困擾的地方。正因為都在家工作時間彈性，所以有些客戶就可能會想說晚上九點、十點打電話來問事情也沒關係。

為了解決這個困擾，我已經讓自己建立起「晚上九點以後接到的電話，我會委婉的告知客戶明天早上再回撥電話給他」的習慣，並同時請他先提供電子郵件。如此一來，既不會太失禮，而客戶或同事就會慢慢的知道「有事情的話，最慢晚上九點前一定要打給佐光小姐」。更棒的是，我的晚上就可以完全放鬆和家人相處了。

所以，我想著或許從不間斷的家事也一樣，需要像這樣用劃清營業時間來阻隔。**例如用看看「今天打烊囉」，如何呢？打烊後媽媽就可以好好休息，剩下的就「明天才處理」，也讓家人養成需求要提早說的習慣。**

像在我們家，我就會先跟家人說好「隔天需要的東西，請在今天五點前告訴我」並再強調一次「一定要五點前跟我說，我才有時間處理喔！」因為我覺得如果身為媽媽就必須要為每個突如其來的任務負責，例如孩子睡覺前才說明天才藝課的備品材料，不論是自己要熬夜縫製，或是衝到超市購買，**媽媽一定會想辦法臨時擠出來**，像這樣總是為了解決家人的問題而無法休息，長久下來只會讓我覺得生活非常辛苦。

所以現在家人如果在五點後才告知我要準備的東西，我會狠下心來說「很可惜，明天可能要開天窗了。」雖然有的時候孩子會大哭大鬧一場，不過，值得慶幸的是，反覆個幾次之後孩子們也學乖了。

所以，在家建立起「主婦營業」的打烊時間吧！藉由說出「今天已經休息了」的回應，家人也能逐漸學會處理自己的緊急狀況、培養起自主能力，而媽媽也能得到時間上與心理上的餘裕。

CHAPTER 4

用「家事能否變輕鬆」來選擇家電產品

不論是洗碗機、掃地機器人還是電子門鎖，
這些最新的科技家電真的很方便嗎？
請跟著以下內容的評估法，
並以你自己的使用模式為基準，思考看看吧。

TOPIC 01

選擇家電產品的三個基準

❶ 家電用品是油漬汙垢的根源

現在放眼望去，很難找到完全不含塑料的家電用品，但其實塑膠正是讓廚房變得更加油膩的原因，因為塑料材質非常容易吸附油汙。所以，等於可以說**只要廚房裡多放一樣家電品，就代表又增加了一個佈滿油漬汙垢的地方，也就是要打掃的地方變多了**。沒想到吧？購入家電並不是單純擁有一樣新品這麼簡單。

因此說實話，除了在「預算和使用效能都合理！」的家電以外，我都會克制自己不下手。這也是為什麼我們家跟其他人比起來，看起來家電特別少的原因。

如果你也覺得難以確定想買的家電是否真的「有必要」，可以參考我整理出三個最重要的評估重點。

①這款商品能「大幅降低我親自動手的部分」嗎？
②能不能快速上手？
③清潔保養會不會很麻煩？

這些「購買問答」的核心概念是「買了之後，我會不會變輕鬆」，我認為這才是家電產品的存在意義，所以我自己要購買家電之前也習慣像這樣再三確認。

①這款商品能「大幅降低我親自動手的部分」嗎？

為了增加更多「放置型完成」的家事，這是最需要考量的一點。

例如吸塵器，除了使用時人無法置身事外，最後得硬著頭皮、仔仔細細地清潔集塵盒和濾網，完全無法減少我親自動手的部分。所以無論它的性能多好，也無法讓我真正變輕鬆。既然如此，我認為不如直接使用掃帚和畚箕更省事，畢竟只要每次將垃圾倒進垃圾桶就好了。

不過洗碗機就不同了，洗碗機的使用方式很簡單。放入餐具、按下開關，人不需要守在洗碗機旁，機器就能自動完成清洗到烘乾。購買洗碗機前，只要估算一下可能增加的電費開銷，如果可以負荷的話，選購一台能輕鬆上手的洗碗機，就能卸下每天「手洗碗筷」的疲憊，「洗碗」這件家事幾乎變得不費吹灰之力。

②能不能快速上手？

如果你是在家工作的媽媽，每天要應付小孩和工作而兩頭燒的日子，**應該不會有多餘的時間能慢慢研究使用方式，對吧？**一旦購入了一台新的家電，就需要先花一些時間投入在研究組裝和操作方式上，所以如果不幸買到一台需要特別費心才能上手的家電，只會帶來更多麻煩。為了避免這個狀況發生，在下定決心購買前，我建議花點時間到官網、購物平台或其它部落格，參考看看其他使用者最真實的評論和心得。

除了這個以外，還有一個有效釐清是否真正需要一台新家電的方法，就是**跟家人說「我現在想買○○○」**。通常家人會給出很直接的回應，像是「為什麼想要呢？多少錢？要用在什麼地方？」提出這些疑惑，可以讓大家一起思考答案。舉例來說，如果有人提出「這種機能有什麼幫助？」大家就會開始想想「對耶，可以用在什麼地方？」正因為家人對共同生活的空間，以及大家的生活習慣都瞭若指掌，透過這樣的問答，最後一定能順利找出擁有一款家電的意義。

我自己就有上述的親身經驗。有次聽了朋友的話後很想買一台麵包機，回家後便興奮的跟家人分享麵包機的好處，不過一下子就被砲火似的疑問擊倒了。

「一個禮拜會做幾次麵包？」「要放在哪？」「不是已經對外表出現油膩的電鍋不開心了嗎？再增加一台麵包機要怎麼辦？」……不斷冒出的疑問讓我認真思考了起來，想著想著，也知道自己並不會每天使用麵包機，而且如果真的想吃麵包，就去麵包店買就好了！最後放棄了購買麵包機的念頭。

③清潔保養會不會很麻煩？

這一點是最容易被忽略，卻相當重要的評估條件。

舉例來說，前陣子我們家收到的贈品「咖啡機」，雖然看起來是很棒的禮物，讓我們在早晨更容易喝到一杯香醇濃厚的咖啡，但其實使用後就會發現咖啡機的小零件保養起來很費事，除此之外，咖啡機也需要每天清理，所以漸漸的就覺得麻煩而把它束之高閣了。

考慮到保養時要下的工夫，像是小零件的拆卸、需要購買專用的清潔劑，還有可能要確保零件存貨等等這些細節加起來，未必能讓家事變輕鬆。

我想到我們家有一台傳真機，因為是用來和家中長輩溝通的工具，所以我必須要時時刻刻備妥墨水，也需要每天保養以確保運作正常。儘管這些看起來都是小事，但一定都會讓生活變得更加忙碌。

從現在開始，希望大家能試著使用評價表來衡量家電對「放置型家事」的貢獻度。不過，這只是提供一個具體的參考方法，並不是絕對值喔！

電熱水壺

放置型程度 ♥♥♥
上手簡易度 ♥♥♥
保養簡易度 ♥♥

電熱水壺是我們家的必備品。好處是沸騰速度很快、不會乾燒而且使用時不需要固定在同一個地方，特別是**急需少量沸水時，只有電熱水壺能辦到**。

從泡奶粉、泡茶到泡泡麵，生活中常常有需要少量熱水的情況，這個時候按下電熱水壺的按鈕，靜候幾分鐘就能完成，還因為體型輕便甚至不需要在廚房等待，是一款實用且方便上手的家電。

保養的步驟也很簡便，倒入檸檬酸水後煮到沸騰，就能清除內部水垢。另外，機體的灰塵或髒汙就用布拭淨即可。

電鍋

放置型程度 ♥♥♥
上手簡易度 ♥♥♥
保養簡易度 ♥

在煮飯這件事上，無洗米的誕生省去了淘米的前置作業，算是改變了煮飯的一大麻煩。只要再挑對電鍋會讓煮飯變得更加輕鬆！

市面上的電鍋有電子飯鍋跟有分內外鍋的電鍋，使用上，含外鍋的會多一個加水的步驟。另外，也有許多追求美味而產生許多配件的產品。這樣看來，電鍋的類型五花八門，那首要考量會是什麼呢？

基本上，**我個人會依照以下的概念挑選電鍋：不論是內鍋、配件或機體本身，選擇表面線條簡單的就好，因為保養起來比較輕鬆。**當然，有時間的話上網查看使用者的推薦和評價，也是比較保險的作法。

清潔方式也相當簡單，先將配件取出放入強效過碳酸鈉浸泡液，之後再用清水沖淨，並以廚房紙巾沾取一點浸泡液來擦拭機體，這樣的保養會比傳統刷洗還輕鬆。

水波爐

放置型程度 ❤❤❤
上手簡易度 ❤
保養簡易度 ❤❤

在我認識水波爐之前，曾經有朋友和我這樣分享「雖然使用了一陣子，但我還是不太會操作它」，因此拉低了「上手簡易度」的評分。

水波爐最大的賣點在於可以同時處理三到四道料理，而且還能同時上烤下蒸。另外，水波爐的原理是透過細小水分子來均勻熟透食材，所以聽說用水波爐料理的食物比較美味多汁。

但說起來，想要成為能熟練地操作水波爐的人，可能要花上許多時間。常常會發生一起放進水波爐的幾樣食材，因為設定的烹煮時間相同，所以其中一項已經熟透，但有的卻仍半生不熟的狀態……。這樣看來，水波爐的最大優點，也會成為最大的困擾。

總結來說，**水波爐是一項需要努力理解和練習才能上手的家電，如果生活中沒有多餘的力氣和時間，我覺得使用微波爐和電鍋就好了。**

洗碗機

放置型程度 ❤❤❤
上手簡易度 ❤❤❤
保養簡易度 ❤❤

每天動手洗碗會讓你覺得很累嗎？或許可以考慮買一台洗碗機。只要將待洗餐盤放進去，就可以完成清洗和烘乾，是不是非常動心呢？以能增加「放置型家事」的層面考量的話，是我十分推薦購置的家電。

基本上，洗碗機的使用方式大同小異，依廠牌和類型操作上會稍有變化，以下簡單說明不同款式的差異。

第一個是「抽屜型洗碗機」，這個類型的洗碗機通常容量不大，所以在排放碗盤的時候會比較花時間，可能需要細細調整才能全部放進去。再加上抽屜型洗碗機的設計比較深，要從最下層開始往上疊，因此會特別花功夫。

所以我推薦的是第二種「前開式洗碗機」，也是比較多人會使用的款式。現在市面上多數的廠牌都會設計兩層放置籃，且可以將放置籃直

選擇前開式洗碗機

使用前開式洗碗機就不需要煩惱容量不夠的問題，排放餐盤也不花時間。

圖片來源 hedgehog94/Shutterstock.com

接拉出來擺放碗盤。再加上前開式洗碗機有一定的容量，也不太需要擔心放不下所有待洗碗盤。

除此之外，還有另一種選擇是「桌上型洗碗機」，放置方式接近前開式洗碗機，所以在放入餐具的步驟算輕鬆。差別在於桌上型洗碗機的容量比較小，卻在安裝上更靈活。所以在空間受限的前提下，比起前開式洗碗機是更多人會購買的類型。

智能感應燈

放置型程度 ♥♥♥
上手簡易度 ♥♥♥
保養簡易度 ♥♥♥

長久以來，我們家有個所有人都難以改變的習慣問題。那就是即便我每天都叮嚀好幾次「要記得關燈喔」，但走廊和玄關的電燈總是亮著，根本沒有人能做到順手關燈的動作。於是我決定在家裡安裝智能感應燈，這種可以自動開關燈的功能，大大省下了我每天提醒的力氣，所以心情變得輕鬆不少。

尤其推薦裝設在玄關處。當我**回到家開門後燈就會自動感應亮起來，不會再有摸黑找開關的情況，更不會在慌慌張張中，踩到鞋子或踢到玄關的東西**。另外，玄關裝有感應燈的好處是，進門前也可以知道是否有人在家了，是讓人放心的額外優點。

除濕機

放置型程度 ♥♥♥
上手簡易度 ♥♥♥
保養簡易度 ♥♥

前陣子掀起一陣熱烈討論的是，當家裡沒有陽台可以曬衣服的話，會購買烘衣機還是除溼機？雖然眾說紛紜、各有優劣，**但我自己是屬於除濕機派，最主要的原因是掛著晾乾後就能直接收納**。因為我想要減少摺衣服的時間，我們家會直接將當季和日常穿著用的衣服掛在衣架上。如此一來，選擇能掛著晾乾是最直接的方式，所以我才會選擇除濕機。

比起用烘衣機烘乾衣服，將衣服掛好後打開除濕機吸除水分的方式也比較不會產生皺摺，也能大幅減少需要熨燙的衣服，這也是選擇除濕機的好處之一。

要留意的是除濕機的水盒。因為除濕過程會開始累積水量，當水盒過滿後就會停止運轉，如此一來，可能會無意間影響晾乾的效果。所以，我建議要選擇「比需求的還大一點」的尺寸，使用上才安心。

掃地機器人

放置型程度 ♥♥
上手簡易度 ♥♥
保養簡易度 ♥

之前我出於想增加「放置型家事」的念頭，購買了掃地機器人。雖然在買之前就聽說會因為地板高度落差，或是地上有堆放東西的情況而影響掃地機器人的運作；另外還會有掃地機器人被電線纏住，或是捲入地毯的可能性；再加上容易故障，常常結束後無法自動回到充電處等缺點。但畢竟我還是買了一台掃地機器人，這邊就來分享一下使用心得吧。

我發現因為自己不會知道掃地機器人究竟清掃過哪裡，所以當它沒電而停止運作時，根本無從得知打掃的狀況。常常有的時候，會發生我在出門前啟動掃地機器人，回到家才發現「有些地方還是髒髒的」這種無奈的狀況。

所以說，雖然基本上是放置型家事，但時常以失敗收場，所以會讓

人有點失望。話雖如此，掃地機器人也有它的好處。例如要清掃沙發下和床底下這種不好深入的地方，掃地機器人就能輕鬆派上用場。我現在是帶著這樣的心情，讓自己不去追究那些失望，一邊繼續使用我們家的掃地機器人。

如果想善用掃地機器人，需要墊高床或沙發。

圖片來源 JTal/Shutterstock.com

智慧門鎖

放置型程度 ♥♥♥
上手簡易度 ♥♥
保養簡易度 ♥♥

雖然目前家裡還沒有導入電子門鎖，但家人們很認真在討論要不要購買。因為一旦裝設了電子門鎖，就不怕出門忘記帶鑰匙，更不需要打備份鑰匙，是只要設定指紋或密碼感應就能解鎖的智慧家電。

我相信，每個人一定都發生過出門後才發現忘記帶鑰匙，或是回到家才發現忘記鎖門，甚至是弄丟鑰匙等等的狀況，而且這些問題不但很麻煩，更會讓當下變得十分焦慮。因此裝設智慧門鎖後，上述的緊急狀況也都會隨之消失。而且最近的科技日新月異，普遍的智慧門鎖都已經能連結手機遠端遙控，或甚至可以設定連動家中的智慧音響了。

我們家會開始討論智慧門鎖，是因為我將腳踏車的鑰匙鎖換成數字

導入智慧門鎖是早晚的事？

越想越覺得智慧門鎖充滿好處，不但使用上輕鬆，也免除了生活中許多麻煩。

圖片來源 Robert Kneschke/Shutterstock.com

鎖。我才發現這一件小事省去了多少麻煩，像是找不到鑰匙、忘了鎖車等等。這種只要設定密碼就都可以解決的設計，我覺得非常方便。想著既然如此，家裡的大門也用智慧門鎖，一定能讓生活更便利輕鬆。

Alexa智慧音響

放置型程度 ♥♥♥
上手簡易度 ♥♥
保養簡易度 ♥♥♥

Alexa是亞馬遜推出的智慧音響。在Alexa來到我家後，我就有種生活竟可以變得如此悠閒的感受，因為「不用特地打開手機或電腦，只要動口下指令就可以播音樂和新聞」。順帶一提，除了Alexa以外，也有許多廠牌推出類似的智慧音響產品可以選擇。

現在我們家每天的例行工作都交給Alexa，像是睡覺前我就會這樣下指令「Alexa，設定早上六點半的鬧鐘」。在起床後也都用口頭操作就好，不論是播音樂、查行程、確認天氣等等，完全不需要自己動手就能知道答案，非常方便。

試著想看看通常忙碌慌亂的早晨，如果有Alexa有多棒！不但不再需要一邊準備早餐，一邊看手機確認行程，然後再抬頭看晨間新聞的狀況。取而代之的是不用額外空出雙手的從容自在，像是在整理、準備的同時，你只要下令說「Play some music」之後，Alexa就能連動到自己的播放清單；也可以直接詢問Alexa「今天天氣如何？」它就會給出天氣預報，當然，也能切換成播放新聞。

我想，應該有許多家庭會習慣在早上打開電視看看新聞、確認天氣吧？但其實我們的大腦很容易被畫面吸引，而且孩子常常會因為電視而忘了動作，如此一來，都會增加更多的準備時間。

不如就試看看用智慧音響取代電視吧！我相信肯定能為你帶來愉快悠閒的心情。

Alexa住在我家客廳

在忙碌的早晨中有Alexa的幫忙格外珍貴。

EPILOGUE

前陣子我寫了一篇〈美國vs日本　近藤麻理惠的人氣比較！〉的文章。

這是起源於有一天我看到美國的節目中，麻理惠小姐突擊了男性的工作現場，並直接指導如何整理像是色情書刊等等的生活物品。看著節目會心一笑的同時，我突然意識到一件事：那就是如果是同樣的節目製作單位，在日本這類型節目只會挑「家庭」採訪，而「沒做好的主角」都會是媽媽。

我也曾經聽美國的朋友說過「整理這件事跟性別一點關係都沒有，又不是說男生就不會收納東西」，同時也稍微得意的說著「比起日本的節目，美國可能在這方面更講求男女平等。」而這個討論持續下去呢，就會談到日本獨特的「女人一定要會整理」這種根深蒂固的傳統文化。但事實上，可能在日本看起來是屬於女人的責任，在其他國家卻或許有著截然不同的習慣。

所以我想著，如果可以慢慢改變大家的傳統想法，學著放下無謂的面子，帶入新觀念來生活的話，心情肯定能更加輕鬆，對吧？因此希望能透過寫出本書，成為大家開始轉變的契機。

最後，非常感謝在創作這本書的過程中耐心幫忙的許多人。謝謝LEC的千代澤陽一、岡部武、藤榮的松延友記，以及編輯坂尾昌昭。

佐光紀子

延伸閱讀

「原來和植物一起生活，是這麼舒服的一件事。」

作者 ———————— **權志娟**

定價 ———————— **399**元

今天起，植物住我家

專為懶人＆園藝新手設計！
頂尖景觀設計師教你用
觀葉、多肉、水生植物佈置居家全圖解

植物，是最好的家飾品！只要將綠色植物請進門，家中的氣氛立刻煥然一新！120種植物×7大室內空間×3大佈置要點，讓植物與生活完美結合，打造充滿綠意的夢想家居！
以現有空間為主體，植物為裝飾材料，即使空間狹小、室內陰暗，也能找到適合你的植物，一步一步打造出專屬你的療癒角落！

延伸閱讀

作者———— 謝長勝（馬可）

定價———— 580元

高代謝地中海料理

我這樣吃瘦了36kg ！
減醣、低卡、好油的烹調技法
「全球最佳飲食法」的美味祕密

★連續三年榮獲「全球最佳健康飲食法」
第一本結合「廚師」和「品油師」專業，利用生食、煎炒、烘烤、油炸、水煮、慢燉六大烹調技法，以簡單又美味的方式「提升新陳代謝、強化減重功效」，打造最貼近亞洲人習慣、最方便執行且最有感的「地中海料理2.0」！
本書帶你透過美食，見證118公斤→82公斤的不復胖瘦身奇蹟！

作者 / **小垣佑一郎** 定價 / **380**元

不生病的解毒飲食法

吃錯了，就像吃進毒！
諾貝爾獎得主提倡的營養療法實踐版
全球30萬醫生推崇的飲食奇蹟

本書是以兩度榮獲諾貝爾獎的鮑林博士提出的「正確分子療法」為基礎，從細微的不適症狀逐一檢視體內疏漏，帶你透過改變食物，攝取「細胞需要的養分」，讓遭受「環境毒害」的身體，回歸「正常無病痛」的原廠設定！

純素起司 Vegan Cheese

第一本100%純天然起司全書！
零蛋奶、無麩質、高蛋白的健康新選擇

★超市買不到×市面唯一的「純素起司」自製食譜

由人氣裸食廚師兼植物性飲食講師Mariko獨家親研，全書52道100%植物性料理，僅使用「豆漿、豆腐與堅果」等高蛋白質食材製作，搭配「自製純素發酵品」，顛覆素食無滋無味的印象，風味更甚普通起司！

作者 / **Mariko** 定價 / **499**元

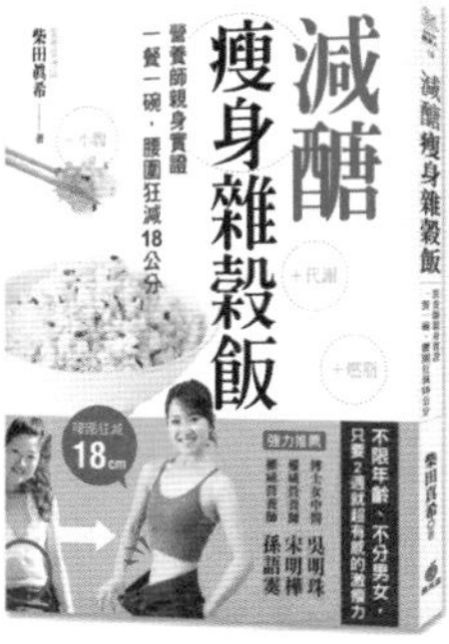

作者 / **柴田真希** 定價 / **299**元

減醣瘦身雜穀飯

營養師親身實證，一餐一碗
加速燃燒脂肪，腰圍狂減18公分！

專業營養師指出：「完全0澱粉」的極端飲食觀念已經過時，真正該斷絕的是營養效益低的精緻澱粉！只要正確攝取「可幫助燃燒脂肪」的碳水化合物，就能「自體營造」瘦身利器，輕鬆成功減重，永遠擺脫「腹愁者聯盟」！

作者 —————— **洪佳如Ariel**

定價 —————— **760**元

Ariel 的米蛋糕

經典韓式米蛋糕×創新口感米戚風
打破框架的無麩質美味甜點

韓式米蛋糕以「米粉、糖、鹽、水」為基礎製成，有別於戚風蛋糕的蓬鬆或磅蛋糕的紮實感，米蛋糕以「蒸」的方式做出兼具鬆、軟、彈的口感，淡淡的米香蔓延在嘴裡與鼻腔，能感受與烤蛋糕截然不同的風味。

作者 / **藝娜Yeana** 定價 / **380**元

手調飲品研究室

飲料再進化！
用水果×果釀×冰磚，自製基底與裝飾
6步驟調出征服IG百萬粉絲的視覺系手作飲

百萬粉絲天天敲碗期待、超人氣手調飲品師——藝娜來了！
她把IG上一杯杯令人驚艷的手調飲品，化成一篇篇簡單又實用的Know-how，公開自製特色基底、冰磚、以及裝飾技巧，讓你在家做出「達人級」黃金比例手調飲！

做甜點不失敗的10堂關鍵必修課【暢銷典藏版】

世界甜點冠軍烘焙工法全書

★暢銷上萬冊！德國IBA世界甜點大賽金牌得主的甜點課程暢銷典藏版
1500張步驟全圖解！帶你從零開始熟悉材料、打好基礎到精通活用！還有專為初學者設計的OK＆NG對照圖，8大類別＋89道甜點看圖就會做。

作者 / **開平青年發展基金會** 定價 / **499**元

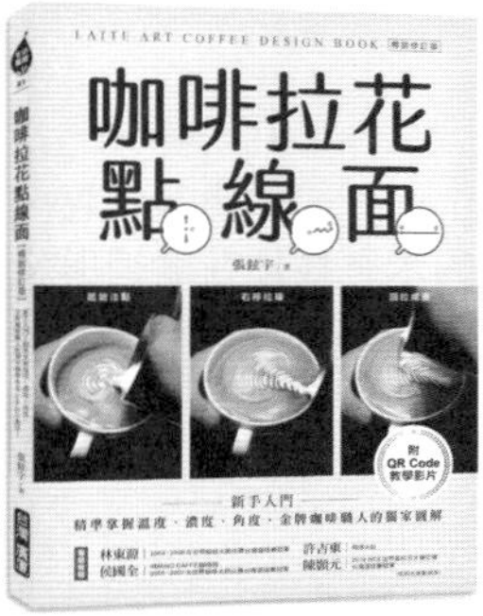

作者 / **張鉉宇** 定價 / **350**元

咖啡拉花點線面【暢銷修訂版】

新手入門！
精準掌握溫度、濃度、角度，金牌咖啡職人的獨家圖解 &QRcode 教學影片！

由金牌咖啡師揭開完美的咖啡的構成祕訣，從「傾倒角度」深度剖析！
除了教你沖煮出完美咖啡脂的「色澤、濃度」，更要你學會如何打出「溫潤綿密」的奶泡，讓口感與美感一起加乘！

台灣廣廈國際出版集團
Taiwan Mansion International Group

國家圖書館出版品預行編目（CIP）資料

80% 的家事都不用做：自然生活家的家事減法術！選對工具、用對方法，就能輕鬆打造舒適居家，省時省力又省心！ / 佐光紀子著；朱鈺盈譯. -- 初版. -- 新北市：臺灣廣廈, 2020.11
面； 公分
ISBN 978-986-130-472-4（平裝）

1. 家政 2. 家庭佈置

420 109014229

台灣廣廈

80% 的家事都不用做

自然生活家的家事減法術！選對工具、用對方法，就能輕鬆打造舒適居家，省時省力又省心！

作　　者／佐光紀子
翻　　譯／朱鈺盈
編輯中心編輯長／張秀環・編輯／黃雅鈴
封面設計／張家綺・內頁排版／菩薩蠻數位文化有限公司
製版・印刷・裝訂／東豪・弼聖・明和

行企研發中心總監／陳冠蒨
媒體公關組／陳柔彣
整合行銷組／陳宜鈴
綜合業務組／何欣穎

發 行 人／江媛珍
法 律 顧 問／第一國際法律事務所 余淑杏律師・北辰著作權事務所 蕭雄淋律師
出　　版／台灣廣廈
發　　行／台灣廣廈有聲圖書有限公司
地址：新北市235中和區中山路二段359巷7號2樓
電話：（886）2-2225-5777・傳真：（886）2-2225-8052

代理印務・全球總經銷／知遠文化事業有限公司
地址：新北市222深坑區北深路三段155巷25號5樓
電話：（886）2-2664-8800・傳真：（886）2-2664-8801

郵 政 劃 撥／劃撥帳號：18836722
劃撥戶名：知遠文化事業有限公司（※單次購書金額未達1000元，請另付70元郵資。）

■出版日期：2020年11月
ISBN：978-986-130-472-4